ドラケン/ビゲン/グリペン編

スウェーデンのジェット戦闘機

ディテール写真集

写真解説：富永浩史

イカロス出版

JN060004

目次 CONTENTS

はじめに

スウェーデンの国防の特殊性が生んだ
三世代にわたる戦闘機たち

文／巫 清彦

　北欧のスカンジナビア半島の中央に位置するスウェーデンは、1995年に欧州連合（EU）に加盟するまで他国との同盟に依らず、自国の防衛力を高めることで中立を堅持する武装中立政策を掲げていた。

　冷戦期のスウェーデンは人口約900万人強の小国であったが、武装中立政策に則り多大なコストと労力を国防に注いできた。軍は専守防衛を指針としたが、現実的な脅威としてソ連を仮想敵とみなしていた。スウェーデンでは男女ともに徴兵制が敷かれ、有事には全人口の10％に当たる数を動員できた。

　また兵器は、他国からの供給を絶たれた場合に備え、国産またはライセンス生産を原則とした。国防上の最重要兵器のひとつである戦闘機も然りで、他国からの輸入に頼らず、自国で開発、生産する道を選んだ。冷戦期を通してスウェーデン空軍に就役した歴代ジェット戦闘機の開発、生産を主導したのは、1937年に設立されたサーブ社(※)である。

　1950年代から60年代にかけてのスウェーデンは、防衛予算の大部分を航空戦力の整備に充てており、ヨーロッパ諸国のなかでも屈指の空軍力を持つに至った。だが質の面ではともかく、数でソ連空軍に対抗するのは無謀で、仮にソ連側の先制攻撃で多数の航空機を失った場合、戦闘の継続が困難になると考えられた。

　そのためスウェーデン空軍は、戦闘機のような価値の高い兵器を、基地の地下につくられた格納庫に収めるなどして抗堪性を上げ、一方で、有事の際に戦闘機を運用できる必要最低限の設備を備え、少人数でもその機能を維持できる「分散基地」を国内各地に整備した。これらの分散基地は、森林の中や岩盤を掘削してつくられた掩蔽壕の中など上空から発見されにくい場所に置かれ、そ

こから出撃する戦闘機は、高速道路や一般道を滑走路の代わりにして離着陸できるものとされた。

　本書でご紹介するドラケン／ビゲン／グリペンという三つの戦闘機は、こうしたスウェーデンならではの国防事情に基づく軍の要求に応えるべく開発された。その主だったものを挙げると…

1. 機体コンポーネントのほぼ全てを国産で賄えること。
2. 少人数で運用でき、応召兵でも容易に整備・補給が行えること。
3. 短いターンアラウンド、短時間での反復出撃が可能なこと。
4. 正規の滑走路以外に、高速道路または一般道を使って離着陸できること。
5. 短距離離着陸（STOL）性能に優れること。
6. 余剰スペースの少ない地下格納庫でも取りまわしが容易なこと。

　サーブ社が、こうした要求に応えるべく試行錯誤と努力を重ねた結果、アメリカやソ連などの大国の戦闘機には見られない、ユニークな特徴と性能をもつ戦闘機ができあがった。歴代のスウェーデンのジェット戦闘機に、どこか尖った部分が感じられるのは、こうした独自性や個性があふれているからだろう。

　本書では、冷戦期から現代までスウェーデンの空の護りを担ってきたドラケン／ビゲン／グリペンの三機種の魅力を、主に写真を通してご紹介する。現存するフライアブルな機体の美麗写真や、ヨーロッパ各国の博物館で展示されている機体の各部ディテール写真をふんだんに掲載した。眺めるだけでも良し、模型製作の参考にされるのも良し、ぜひご自分なりのやり方で、スウェーデンのジェット戦闘機の魅力の一端に触れていただきたい。

※サーブ（SAAB）は"Svenska Aeroplan Aktiebolaget"の略で、「スウェーデン航空機会社」の意。

分散基地の一画と思われる場所で点検を受けるJ 35Dドラケン。
機体の上方に擬装用ネットが張られている
Photo by Åke Andersson, SFF photo archive

高速道路を利用した臨時滑走路から離陸するAJ 37ビゲン
Photo by Kouji Hoashi

DRAKEN

サーブ35 ドラケン編

スウェーデン空軍の歴代国産ジェット戦闘機を動態保存する団体"Swedish Air Force Historic Flight (SwAFHF)"フリートの一翼を成すSK 35Cドラケン (複座型)
Photo by Hidenori Suzaki

SwAFHFは欧州各地で精力的にデモフライトを披露している。エアショーで見られるSK 35Cの機動性は、G制限もあるのかどことなく優雅な印象である
Photo by Hidenori Suzaki

飛行中のSK 35Cの上面をとらえた写真。特徴
的なダブルデルタ形状の主翼がいっそうよく判る
Photo by Hidenori Suzaki

アルプス山脈の上空を飛行するSK 35Cの左側面をとらえた一枚。
同機が2016年9月にオーストリアのツェルトベク飛行場で行わ
れたエアショー"AirPower 16"に参加した際に撮影されたもの
Photo by Katsuhiko Tokunaga

アフターバーナーを使用して急加速するSK 35C。機体のみならずアフターバーナーもスウェーデン国産である
Photo by Katsuhiko Tokunaga

上昇中のオーストリア空軍J 35OEの機体下面をとらえたショット。パネルラインや主翼下面のハードポイント、主翼後縁のエレボンの形状などがよく判る。胴体下面のハードポイントにはドロップタンクを2本搭載している
Photo by Katsuhiko Tokunaga

オーストリア空軍J350Eの編隊飛行を前方からとらえた迫力の空撮写真。左手前の機体にはオーストリアの建国1000周年を祝う赤・白の特別塗装が施されている
Photo by Katsuhiko Tokunaga

タキシングするJ 350E。前ページの写真にも登場したこの機体はオーストリア空軍第2飛行連隊第2飛行隊に配備されていたが、2005年に退役した
Photo by Katsuhiko Tokunaga

ダブルデルタ翼を備えた斬新な設計の超音速戦闘機
サーブ35 ドラケン

文／巫 清彦

画期的かつ先進的な
ダブルデルタ翼の採用

サーブ35 ドラケンは、1950年代にサーブ社によって開発され、1960年から1999年までスウェーデン空軍に就役していた単発ジェット戦闘機である。生産数は原型機を含めて615機で、本国スウェーデンのほかデンマーク、フィンランド、オーストリアの3か国に輸出され運用された。ジェット戦闘機の世代としては、第2世代[※1]に相当する。なお「ドラケン」（Draken）という名称は、スウェーデン語で「竜」を意味する。

ドラケン誕生の経緯は、1949年にさかのぼる。同年の秋、スウェーデンで国防装備の開発・調達を司るFMV（国防資材局）は、近く空軍に就役予定だったサーブ29 トゥンナン[※2]の後継となる戦闘機の要求仕様を策定した。トゥンナンの就役は1951年だが、当時の航空機の著しい発達スピードからして早期に性能が陳腐化することが予想されたため、運用が始まる前から後継機の開発が検討されたのだ。

新戦闘機の仕様は、高度約10,000mを亜音速で侵攻してくる敵爆撃機を迎撃できることが主眼となっていた。具体的には、水平飛行での最大速度マッハ1.4 〜 1.5、優れた上昇力と滑走距離2,000m以内での離着陸性能が求められた（速度の要求は、のちにマッハ1.7 〜 1.8に引き上げられた）。

トゥンナンにつづき新戦闘機を設計・開発することになったサーブ社の技術陣は、最大速度の飛躍的な向上と、超音速戦闘機には元来不向きな短距離離着陸（STOL）性能の追及という、相反する二つの要求に悩まされた。

動力源となるエンジンは、英ロールス・ロイスのターボジェットエンジン「エイヴォン」をスヴェンスカ・フリグモーターがライセンス生産するRM 6の採用が決まり、これに国産のアフターバーナーを組み合わせることで、将来的に単発ながら十分な推力を得られる見込みが立った。

問題は機体設計、とりわけ主翼の翼形だった。開発当初には高速性能の発揮に適したデルタ翼（三角翼）が検討されたが、水平尾翼を持たないデルタ翼機は着陸時の機首上げ姿勢をとるために主翼後縁のエレボン[※3]を上げる必要があり、これが主翼が生み出す揚力を減じ、滑走距離が伸びる一因となっていた。またフライ・バイ・ワイヤ技術の存在しなかった当時は、操縦安定性にも難があった。

従来のデルタ翼では要求されたSTOL性能を満たすことができないと判断したサーブ社の技術陣は、試行錯誤を重ねた末に、前縁後退角の異なる内翼と外翼、すなわち二つの異なるデルタ翼を組み合わせたダブルデルタ翼という、まったく新しい発想の翼形にたどりつく。

このダブルデルタ翼では、離着陸時に内翼から発生する揚力が機首上げモーメントとなるため、エレボンの可動域を少なくでき、従来型のデルタ翼よりも揚力の喪失を抑えることができる。また、大迎え角をとったときに内翼部前縁から発生するボルテックス（渦、乱流）が広がりつつ主翼上面を覆うことで、主翼上面の空気流の剥離を防ぎ、低速度域であっても失速しにくくなる。その結果、通常のデルタ翼機よりも高いSTOL性能を得ることができた。

なお、デルタ翼機の特徴である優れた加速性能、高速域での優れた運動性能、燃料タンクや降着装置などの内蔵スペースを設けやすいといった利点は、ダブルデルタ翼でもさほど犠牲になっていない。

この画期的なダブルデルタ翼の採用により、ドラケンは離陸滑走距離800mという、超音速戦闘機としては驚異的なSTOL性能を得たほか、意図的なものであったのかどうかは不明だが、後にソ連（ロシア）のSu-27フランカーが披露して話題を呼んだコブラ機動も行えるだけの高い機動性を獲得している。

Rb 24B短射程空対空ミサイル4発を搭載して上昇姿勢をとる第13航空団のJ 35Dの2機編隊（Rb 24Bは米国のAIM-9Bサイドワンダーのライセンス生産型）
Photo by Hans Bladh, SFF photo archive

ダブルデルタ翼の空力試験機サーブ210A「リル・ドラケン」（スウェーデン語で小さな竜の意）を経て、1952年に空軍名称「J 35ドラケン」の試作機の製造が開始され、1955年10月25日に試作1号機が初飛行した。試作機は当初3機、最終的に9機が製造され、サーブ社と空軍テストセンターで様々な試験に供された。

1956年8月には最初の量産型J 35AがFMVにより発注され、1960年3月から空軍への引き渡しが始まった。以降、改良を重ねつつドラケンの量産は約20年にわたって続けられ、スウェーデン空軍の11個航空団隷下の26個飛行隊で防空および偵察任務に就いた。

ドラケンのメカニズム

ドラケンの機体は全金属製セミモノコック構造で、主な構造部材はジュラルミン、工法もリベット接合など一般的な手法が用いられている。

主翼の翼平面形はダブルデルタ翼で、前縁後退角80°の内翼と同57°の外翼から成る分割構造である。このうち内翼は胴体、エアインテークと一体化したブレンデッド・ウイング・ボディの先駆けといえるもので、荷重が胴体にも分散されるので高G機動に適している。内翼の内部は燃料タンクと主脚の収納スペースになっている。外翼は内翼とボルトで結合されており、必要に応じて取り外すことができる。

エアインテークは、内翼の先端を切り落とす形で設けられている。生産性や整備性の高さを重視した結果、超音速飛行に適した可変式で

1960年3月、ノルシェービン基地の第13航空団（F13）に配備されたJ 35Aの一群。これら19機は運用試験や機種転換訓練に用いられた　Photo by Flygvapenmuseum

※1　超音速飛行が可能で、レーダーを搭載した1960年代頃までのジェット戦闘機。
※2　スウェーデン初の後退翼を備えたジェット戦闘機。空軍での運用期間は1951年〜1976年で、各型あわせて661機が生産された。名称の「トゥンナン」（Tunnan）はスウェーデン語で「樽」を意味する。
※3　デルタ翼機の主翼後縁に備わった補助翼（エルロン）と昇降舵（エレベーター）の役割を兼ねた動翼のこと。

機首と内翼に写真偵察用カメラを搭載した第11航空団のS 35E。この写真でも機首のカメラベイの前面／側面／下面に開いたカメラ・レンズ用の窓が確認できる
Photo by Saab

はなく単純な固定式となっている。開口部の断面は横長の楕円形。

動翼は、左右の主翼後縁にあるエレボン3枚ずつと垂直尾翼後縁の方向舵で、このほか後部胴体の4か所に正面から見てX字状に展開するエアブレーキが備わっている。作動はいずれも油圧による。

降着装置は、前脚は単車輪で前方引き込み式、主脚は単車輪で外側に引き込まれ、内翼の下面に収納される。この他、J 35Aの66号機以降は尾部下面にテイルバンパーに替えて二重車輪の尾輪が備わっている。

エンジンは、国産アフターバーナー付きのターボジェット「RM 6」シリーズで、J 35AからSK 35CまではRM 6B（ドライ推力46.55kN、アフターバーナー推力62.13kN）を、J 35DからJ 35JまではRM 6C（ドライ推力55.37kN、アフターバーナー推力76.00kN）を1基搭載する。

レーダーはエリクソン社製のPS-02/A、PS-03/A、PS-01/Aを順を追って搭載。J 35Bから装備された火器管制装置S7は、スウェーデン空軍の地上迎撃管制システムSTRIL 60とのデータリンク機能を有し、自動操縦装置と連動して完全自動での目標捕捉が可能だ。

固定武装は30mm機関砲で、J 35A/B/Dは左右両舷の内翼に一門ずつ、J 35F/Jは右舷の内翼にのみ一門装備する。機外兵装としては、外翼と胴体下面のステーションにRb 24短射程空対空ミサイル（AAM）、Rb 27中射程AAM、Rb 28短射程AAM、ロケット弾ポッド、増槽などを搭載できる。空対空ミッションでは外翼下面の2か所と胴体下面左右の2か所、計4か所のステーションが主に使用された。

ドラケンの生産型

スウェーデン空軍向けの生産型としては、次のものがある。

◆ J 35A

増加試作機的な位置づけの最初の生産型で、1959年から1961年にかけて90機が製造された。搭載エンジンはRM 6Bだが、66号機以降はアフターバーナーの変更に伴い後部胴体が約0.8m延びたため尾輪が装備された。レーダーはPS-02/A、30mm機関砲を左右両舷に装備。

◆ J 35B

本格的な迎撃戦闘機型で、72機が製造され

た。搭載エンジンとレーダーはJ 35Aと同じだが、火器管制装置がS6からS7に変更され、STRIL 60とのデータリンク機能が追加された。

◆ SK 35C

レーダーと火器管制装置を持たない複座の練習機型。J 35Aから改造された原型機1機を除く25機が製造され、1962年5月から引き渡しが開始された。搭載エンジンはRM 6B。

◆ J 35D

エンジンを大推力のRM 6Cに換装し、新型レーダーのPS-03/A、FH5自動操縦装置を装備した迎撃戦闘機型。1962年から引き渡しが開始され、120機が製造された。

◆ S 35E

J 35Dをベースにした偵察機型。レーダーと火器管制装置に替えて、機首と内翼に計7台のカメラを装備している。引き渡しは1965年からで、新造の32機のほかJ 35Dから28機が改造された。

◆ J 35F

"第二世代ドラケン"と区分されることもある迎撃戦闘機型。レーダーを新型のPS-01/Aに、火器管制装置をS7Bに変更し、セミアクティブ・レーダー誘導のRb 27中射程AAMの運用が可能となったが、固定武装の30mm機関砲は右舷の1門のみとなった。また、外翼をインテグラル・タンクとしたことで機内燃料搭載量が従来の2,400Lから4,000Lに増大した。搭載エンジンはRM 6C。1965年5月から引き渡しが始まり、シリーズ最多の230機が製造された。

なお、101号機以降は機首下面にS71N赤外線捜索追跡装置（IRST）を装備しており、IRSTの無い100号機までをJ 35F1、IRSTの有る101号機以降をJ 35F2と区別する場合もある。

◆ J 35J

J 35Fの機体寿命を延長すると共に、搭載電子機器の更新、内翼下面への兵装ステーションの増設などを施した小改良型。新造機は無く、J 35Fから67機が改造されて1988年から引き渡しが開始された。

海外への輸出と退役

ドラケンはスウェーデンの国防事情に適した戦闘機であったが、それでもデンマーク、オーストリア、フィンランドの3か国に輸出された。各国の調達数と仕様上の特徴は次のとおり。

◇ デンマーク

1968年に発注、1970年から受領を開始。内訳は単座戦闘機型F-35が20機、偵察機型RF-35が20機、複座練習機型TF-35が11機。このうちF-35にはレーダー警戒受信機と連動

した自己防御システム、慣性航法システム、ヘッド・アップ・ディスプレイやレーザー測距／目標指示装置が追加されたほか、機内燃料搭載量が5,000Lに増え、30mm機関砲も左右両舷に1門ずつ装備している。

◇ フィンランド

1970年に採用を決め、スウェーデン空軍のJ 35B、SK 35C、J 35Fの中古機を購入し、それぞれに35BS、35CS、35FSの制式名を付与して運用した。配備数は35BSが7機、35CSが5機、35FSが24機。このほか、J 35Fをベースとした輸出仕様 35Sも12機調達して配備した。これらフィンランド空軍機の一部も自己防御システムを装備している。

◇ オーストリア

1985年に採用を決定。スウェーデン空軍のJ 35Dの中古機をサーブ社が再生整備した機体を24機購入し、J 350E（J 35Ö）として制式化して運用した。

これらの輸出型を含め、ドラケンは幸いにして一度も実戦を経験することなく、その生涯に幕を下ろした。スウェーデン空軍の実戦飛行隊で最後のフライトが行われたのは1999年1月18日のことで、デンマーク空軍では1994年に、フィンランド空軍では2000年に退役。そして、残るオーストリア空軍も2005年12月にドラケンの運用を終えた。

J 35F ドラケン 諸元	
全幅	9.42m
全長	15.34m
全高	3.89m
翼長	9.42m
アスペクト比	1.80
翼面積	49.22㎡
翼厚比	5%
空虚重量	8,250kg
最大離陸重量	11,914kg
機内燃料搭載量	4,000L
エンジン	スヴェンスカ・フリグモーターRM 6Cターボジェット×1
エンジン推力	（ドライ）55.37kN
	（A/B）76.00kN
最大速度	マッハ2.0
戦闘行動半径	361km
上昇率	250m/s
実用上昇限度	20,000m
最大滑走距離	1,250m
兵装	ADEN 30mm機関砲×1、空対空ミサイル×2～4、75mmロケット弾ポッド等
乗員	1名

内翼下面に増設された兵装ステーションにRb 24短射程空対空ミサイルを搭載したJ 35J（Rb 24Jは米国のAIM-9Jに相当する改良型）
Photo by Åke Andersson, SFF photo archive

ドラケンの機体外観

J 35A　博物館展示機の全体像。本機はドラケン最初の生産型で、テイルパイプが延長された66号機以降の後期生産機である。ロービジ化される前の迷彩で、機首に描かれているのが所属部隊（第16航空団）を示す番号、尾翼が機体番号である
Photo by Luc Colin

J 35A　同一機の機体前半部。後方窓のある旧型キャノピー、やや小ぶりで先端部が短いエアインテークなど、ドラケン初期型の目立つ特徴が見てとれる
Photo by Luc Colin

J 35A　同一機の機体後半部。垂直尾翼が初期仕様であるほかは、ほぼ基本形態が固まっている。やや上からの撮影で垂直尾翼前縁のスリット、各部補助インレットの位置関係などがわかりやすい
Photo by Luc Colin

J 35J ドラケン後期の主力
生産型J 35Fの小改良型
で、内翼下面にもパイロンを
装備できるようになった型。
J型は新造機が無く、全機
がF型からの改修なので、
内翼パイロンを外した状態
だと外観はF型とほぼ変わ
らない。塗装がグレーに変
更されたが、マーキングはま
だフルカラーで、とくにオレ
ンジで大きく描かれた番号
はスウェーデン空軍独特の
もの
Photo by Max Bryansky

J 35J 上と同一機。ほぼ側
面からのカットで、機体全
体のラインが見やすい。機
首下面のIRST（赤外線捜
索追跡装置）は、J 35F2と
呼ばれるF型の後期生産分
から追加された装備である
Photo by Max Bryansky

J 35J 同一機の地上タキシング
中の姿。エアブレーキの展開、尾
輪と地面のクリアランスなどが見
所。光の加減により上下面のグレー
の明度差、ドーサルフィンの色
や汚れなども見やすい
Photo by Max Bryansky

J 35J　同一機がアフターバーナーを使用した急上昇中のショット。下面によく日が当たっている。銀色の部分を始めとしてパネルごとの質感や汚れ方の参考になる。J型の特徴である内翼下面のパイロンは備わっていないが、その取り付け位置を示す線と穴が4つ空いているのがわずかに確認できる
Photo by Andreas Zeitler

J 35J　正面からのカット。この写真では内翼下面にパイロンが追加されている。脚収納庫扉の開き、主脚、胴体下パイロンの取り付け角度などアラインメントの参考に最高の一枚。固定武装の機関砲はA/B/D型では左右両舷に備わっていたが、F/J型では左舷のものが撤去され、右舷の1門のみとなった。この写真でも、右舷の内翼部前縁にのみ機関砲発射口があるのがわかる
Photo by Takashi Hashimoto

SK 35C　複座練習機型SK 35Cの着陸。後席の増設によりドーサルの形状、付属部品も変わったほか、前脚も単座型とは異なっている。SK 35Cの胴体後部はA型（J 35Aの65号機まで）に準じた形状で、テイルパイプが短く尾輪がない
Photo by Werner Horvath

35FS フィンランド空軍の戦闘機型35FSはフィンランドがスウェーデン空軍のJ 35F（機首にIRSTを装備していない前期生産分）の中古機を買い取って航法装置や電子装備の近代化を施したタイプである。そのため外観はベースになったJ 35Fのそれを色濃く残している　Photo by Marc van Zon

RF-35 デンマーク空軍の偵察型RF-35。スウェーデン空軍のS 35Eと同様に機首下面に段差がついているのが特徴。胴体背面の航法用アンテナはJ 35F/Jのようなドーサルフィンではなく、小型のブレードアンテナとなっている
Photo by Joop de groot

F-35 デンマーク空軍独自の改修を施した戦闘機型。一見、偵察型にも見えるが、機首側面のカメラ窓がなく、尾翼のレターも戦闘機を示す「A」である（偵察型は「AR」）。同空軍のドラケンは対地攻撃を重視し、当初からデータリンク機能とレーダー誘導式空対空ミサイルの運用能力を省略していた
Photo by Luc Colin

ドラケンのディテール

機首

SK 35C　複座練習機型SK 35Cの機首。後席の教官席は、訓練生が座る前席より若干高い位置に置かれている。また離着陸時に前方視界を確保するため、後席のキャノピー枠の上に双眼鏡型のペリスコープが備わっている　Photo by Katsuhiko Tokunaga

J 35J　機首と前部胴体の左側面。機首下面に備わったIRST（赤外線捜索追跡装置）は後期生産型J 35F2/Jの目立つ特徴である。キャノピー後方の左右にある補助インテークは境界層を考慮した形状になっている。その間に立っているT字型の部品は外気圧センサー、その後ろの胴体上面／下面にある三角形のフィンは共に航法レーダー用アンテナ　Photo by Max Bryansky

RF-35　デンマーク空軍の偵察型RF-35の機首右舷のアップ。レーダーの代わりにカメラを搭載しており、前下方と両側面にカメラ窓が開口している。その後方（写真左）のかご形のものは飛行時には取り外されるガード
Photo by Luc Colin

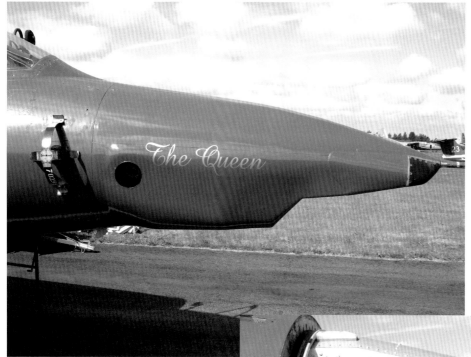

RF-35　同一機の機首内部（右舷）。整備のためにノーズコーンを取り外したところで、写真右が前方。右舷側下方に向けたカメラがはっきりと写っている
Photo by Luc Colin

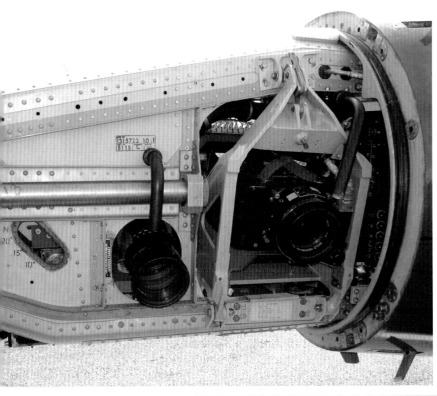

RF-35 同一機の機首内部（左舷）。写真左が前方となる。左舷側のほうが側方カメラが一台多く、その支持方式も異なる。前方フレームの楕円形の穴には前下方カメラ用と思われる角度の表示がある。機体フレームの断面にも注目
Photo by Luc Colin

RF-35 同一機の機首カメラベイ外観（左舷）。写真左が前方。二つのカメラ窓を内部や右舷と見比べられたし。金の塗料で"The Queen"という機体の愛称が描かれている。なお、スウェーデン空軍の偵察型S 35Eは左舷のカメラが一つである
Photo by Luc Colin

RF-35 同一機の機首カメラベイ下面。前下方と垂直下方に向けて平面のカメラ窓が設置されている。このカットでは手前（上）から二つめの窓の奥に前下方カメラが見えている
Photo by Luc Colin

RF-35 左の写真の続きで、後方の垂直カメラ窓の周辺を前下方からとらえたカット。窓の奥に見えるのはカメラを支持するクレイドル状のフレーム
Photo by Luc Colin

F-35 デンマーク空軍の戦闘機型F-35を正面から見る。RF-35の機首と似た形状だが、段差部の前面にある四角い窓はカメラではなくレーザー・レンジファインダー用である。F-35には、RF-35にはある側面、下面の窓やカメラベイの膨らみはない。なお、レーザー・レンジファインダーを装備していないF-35で、通常の尖った機首のものも存在する
Photo by Luc Colin

コクピットとキャノピー

J 35OE オーストリア空軍 J 35OE（J 35Ö）のコクピット。J 35OEはスウェーデン空軍のJ 35Dを再生整備した機体であるため、コクピットの基本レイアウトはJ 35Dのそれと変わっていない。中央のレーダースコープには円筒形の日除けフードが被せられており、スクリーンは奥まって上部だけが見えている Photo by Werner Horvath

J 35F モノクロ写真だが、スウェーデン空軍J 35Fのコクピットを示す。上のJ 35OEのものと見比べると、右上の計器や右サイドコンソールの違いが比較的わかりやすい。この写真では中央のレーダースコープにフードが取り付けられていない Photo by Saab

J 35F 計器盤中央のレーダースコープ部分のアップ。レーダースコープの右側には距離計と高度計、左側には対気速度の表示装置があるが、これらは縦型ゲージ式のものが採用されている
Photo by Alan Wilson

RF-35 デンマーク空軍のRF-35の計器盤上部。デンマーク空軍では偵察型にも対地攻撃能力を付与していたため照準装置がある。ただし、レーダーを省いているのでレーダースコープはない
Photo by Luc Colin

RF-35 同一機の計器盤中央から右側にかけての部分。デンマーク空軍のドラケンは自己防御システムが強化されており、この写真でもレーダー警戒受信機の表示装置とチャフ／フレア散布装置などの操作パネルが右上に写っている。中央にはレーダースコープの代わりに水平儀が配置されている。左下の操縦桿の頂部にも注目
Photo by Luc Colin

RF-35 RF-35の風防、アンチグレア部。防眩のために中はつや消し黒。風防との隙間には配線が詰めこまれている
Photo by Luc Colin

TF-35 デンマーク空軍の複座練習機型TF-35のキャノピーで、左舷から前席と後席の間を写している。コクピットまわりはスウェーデン空軍のSK 35Cに準じており、特徴的な双眼鏡型の後席用ペリスコープもSK 35Cと同様のものが使われている。後席の前に透明な遮蔽板があるのもわかる
Photo by Luc Colin

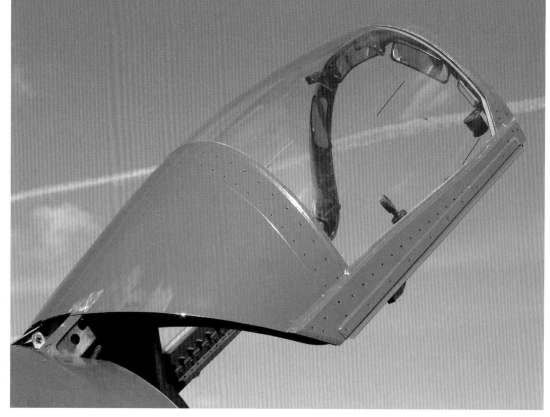

RF-35 RF-35のキャノピー開状態の外観。J 35F/Jに準拠した膨らみがあり、後方窓の無い形状である。フレームの内外にびっしり並んだスクリューの頭、外からのバックミラーの見え方などがよくわかる
Photo by Luc Colin

RF-35　RF-35の射出座席の背もたれとヘッドレスト。輸出型にも本国同様にスウェーデン国産の射出座席が装備されている。ヘッドレストの形状自体かなり独特だ。ヘッドレストの上の注意書き"VARNING KRUT ROR EJ MEKANISMEN"もスウェーデン語で、意味は「警告 発射薬 メカニズムに触れるな」
Photo by Luc Colin

RF-35　RF-35のキャノピー開状態の内側。フレーム内側の塗装やバックミラーの取り付け位置、開閉操作ハンドルなどがわかりやすい。内側に斜めに書かれている線は地平線に合わせる基準線であろう（これに合わせると機体姿勢が緩降下となるはず）
Photo by Luc Colin

RF-35　同一機のコクピット後方を外から見たカット。ヘッドレストのクッションがごつい板から生えているように見える。キャノピーのヒンジ部分もわかりやすい
Photo by Luc Colin

前部胴体

Photo by Luc Colin

J 35A　コクピット後方にあるドーサルの補助インテーク。このインテークは初期の生産型では左舷のみにあることが多く、また見ての通り比較的単純な形をしている。18ページ右上の写真の後期生産型（J 35J）のものと見比べていただきたい

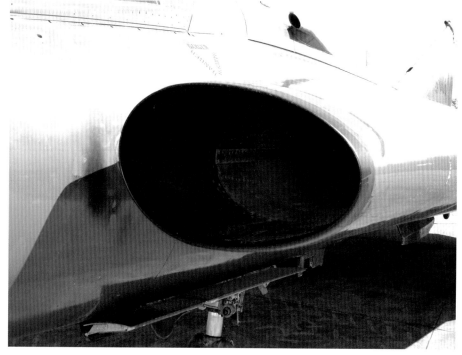

RF-35　左舷のエアインテーク。超音速機でありながらシンプルな固定式である。ドラケンはスウェーデン空軍のJ 35D以降の生産型からインテークの先端部が前方へ延長され、開口部も拡大されている。上のほうにはドーサルの補助インテークも写っているが、これはJ 35F準拠の形状である

J 35A　前部胴体下面に引き込み式に取り付けられたラムエア・タービンの側面。発電用の風車、本体部の構成がわかる。ブレードの取り付け部は意外に複雑だ

J 35A　ラムエア・タービンを後方から見る。ダイナモ本体と扉開閉アームの取り付け方、電源配線の通し方、扉の断面などに注目

RF-35　これもラムエア・タービンだが、RF-35のもの。よく見るとブレード付け根のハブの形状がJ 35Aのものと異なる。収納庫扉の断面などは、こちらのほうが光がよく当たって見やすいだろう

RF-35　同一機のラムエア・タービンを内側からとらえたカット。収納庫扉の裏側のディテール、ダイナモ本体の取り付け方がわかりやすい

RF-35　ラムエア・タービン収納庫の内部。配線や配管がむき出しで少し不安になるが、固定をしっかりしてクリアランスが確保されているのだろう

TF-35　デンマーク空軍の複座練習機型TF-35のコクピット後方のドーサル部。側面の補助インテークはJ 35AやSK 35Cのものに準じた形状だが、ブレードアンテナの配置は独特のものとなっている

後部胴体

Photo by Luc Colin

J 35A　スウェーデン本国のドラケンの特徴であるこのドーサルフィンは、航法用アンテナの収容部であると同時に「垂直前翼」ともいうべき空力パーツである。ドラケンの胴体構造は、この直前のフレームで前後に分割されている

J 35A　同一機の右舷上面。位置的にはエンジン関係や燃料タンクのアクセスパネルがある辺りで、胴体と内翼をつなぐ滑らかなラインがよくわかる。NACAインテークやエア・アウトレットのディテール、位置関係もポイント

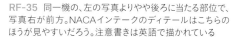

RF-35　同一機の、左の写真よりやや後ろに当たる部位で、写真右が前方。NACAインテークのディテールはこちらのほうが見やすいだろう。注意書きは英語で描かれている

RF-35　ドーサルのほぼ中央を右舷から見たところ。写真右が前方、左が後方となる。RF-35ではドーサルフィンの替わりに垂直に立ったアンテナが付いているが、その側面に峰があり、菱形断面とわかる。その下、薄黄色のパネルは輸出型に増設されたEL（電解発光体）パネルの編隊灯。四角いアウトレットの形状はJ 35Aのものから変更されていないようだ

J 35A 後部胴体下面。左右のエアブレーキと尾輪、尾輪の収納庫扉が展開した状態を前方から見る。ドラケンのエアブレーキは上下左右に放射状に4枚備わっているが、その放射状の配置がよくわかる展示だ。尾輪はテイルパイプが延長された生産66号機から装備されたもの

RF-35 後部胴体上面の右舷にあるエアブレーキが展開した状態。後方から見ているので、内側（裏側）のディテールがよくわかる

RF-35 こちらは後部胴体下面の右舷にあるエアブレーキ。やや傷んでいるが、基本的な構造は上面のものと同じであることがわかる

尾部

Photo by Luc Colin（特記以外）

J 35A　垂直尾翼まわりの全体像。初期型では垂直尾翼上端の形状がシンプルで、ピトー管が前縁から飛び出している以外の付属物はない。尾翼の付け根、後部フェアリングに段差がありインレットになっているのがわかる

J 35A　尾部の右舷側の全体像。この写真では左下の補助インテークの外形や位置関係がつかみやすい

J 35A　垂直尾翼付け根の後部フェアリングの後端。写真右が前方。後部フェアリングはドラグシュート収納部となっており、使用時は左右に展開する。取り付け部が食い違いのヒンジになっているのが見える。後端は普段から開口し、空気は素通しのようだ

J 35A　テイルパイプ側面のアフターバーナー部補助インテークを前方から見る。境界層を意識して外板から浮かせたり内部にも整流板があるなど、意外と凝ったつくりになっている

SK 35C　複座練習機型の尾部。J 35Aの65号機までに準ずる短いテイルパイプとタイプ65アフターバーナーを備える。ドーサルフェアリングの後端が飛び出しているほか、尾翼付け根の処理も後期生産型（J 35F/J）とは異なる。補助インテークも主翼後縁に乗り上げている　Photo by Katsuhiko Tokunaga

J 35A　排気口まわり。排気ノズルと機体の間には隙間があり、テイルパイプ断面は完全な円形ではなく、わずかに横に広がっている。写真の機体もそうだが、J 35Aの66号機以降のアフターバーナーはタイプ66とされている。ノズルは可変断面積型だが、二分割のシェルが動く形式である

J35 J　J 35Jの後部胴体と尾部。J 35D以降のスウェーデン空軍の単座型では、垂直尾翼上端に流線型のフェアリングが付き、ピトー管はその前端から伸びる形に変更されたのが特徴である
Photo by Max Bryansky

RF-35　デンマーク空軍RF-35の垂直尾翼。輸出型では上端のフェアリングの形状が変わり、周波数選択／受信機アンテナが内蔵されるようになった。側面の薄黄色の斜めの帯はELパネルの編隊灯

RF-35　同一機の排気口のアップ。形状はJ 35A（66号機以降）のものとほぼ同じ。アフターバーナーはタイプ66または67。写真右端にぎりぎりフレア・ディスペンサーの後端が写っており、単純に塞がっていることがわかる

RF-35　RF-35の尾部側面。側面の補助インテークの後ろに延長されている部分（写真では黄色のバンドの下）がフレア・ディスペンサー。下面、尾輪の左右にも箱のようなものが付いているが、こちらにはチャフが入っている

RF-35　同一機の排気口の内部。奥に見えるのがアフターバーナーのフレームホルダー。ドラケンはエンジン本体とアフターバーナーが離れているので、タービンはなかなか見えない

RF-35　アレスティング・フックの基部。このフックはデンマーク向け輸出型のみに追加された。写真は下げた状態で、未使用時はテイルパイプに密着するように跳ね上げている。左右の角張った箱がチャフ散布装置

RF-35　アレスティング・フックの先端。もちろん空母着艦用ではないが、滑走路のワイヤーに引っ掛けて急制動をかけるのは同じ

主翼

Photo by Luc Colin

J 35A　右主翼上面を広範に見る。胴体
も一緒に写っているので、パネルラインの
位置関係が把握できるだろう

J 35A　右舷内翼部の機関砲の発射口まわり
（写真の機体は博物館展示機なので砲口は蓋
で塞がれている）。この右舷の機関砲はJ 35F/
Jでも残されている。内翼前縁のアールの変化
もわかる

J 35A　右外翼の下面。写真右が前方。
3枚の整流板の取り付け方までよく見
える。翼下パイロンは外されている

J 35A　右外翼部の付け根。前縁エッジのアールがわかる。ドラケンの
左右の航法灯はこの位置に埋め込む形で付いており、青がカバー自
体の着色であることがわかる。左舷のものはむろん赤色

J 35A 主翼上面のエレボンまわり。ヒンジのディテールが
ひととおり見て取れる。スウェーデン空軍のドラケンは輸出
型と違って翼端にアンテナ等を埋め込んでいない

J 35A 右主翼下面、エレボンのヒンジ周辺。
写真右が前方。主翼に食い込んでいる部分と
アクチュエーターのディテールがわかる

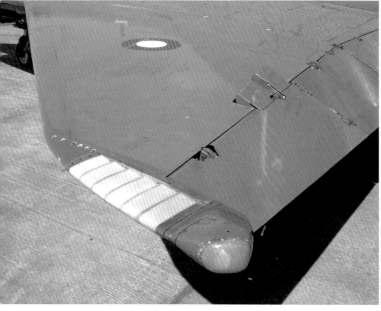

RF-35 RF-35の左主翼端。スウェーデン
本国仕様とは形状が異なり、膨らんだ部分に
レーダー警戒装置のアンテナが埋め込まれて
いる。その前方の黄色い部分はELの編隊灯。
どちらも未装着で引き渡された機体があるので、
全ての輸出型の特徴とは言えない

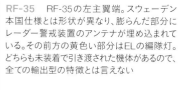

RF-35 同一機の主翼後縁。この
部位は全タイプで基本的に同じ構
造である。ドラケンの内翼後縁は尖
っていないのだが、その形状がよく
見える。エレボンが下がっているの
で、翼断面リブの穴などもわかる

RF-35　同一機の外翼パイロン。この写真では
ロケット弾を懸架している。なかなか複雑な形状
で、兵装の取り付け方にも注目。空対空ミサイル
ではないのでランチャー・レールは介していない

RF-35　外翼パイロンを別角度から。
主翼ハードポイントへの取り付け指示
なども読み取れる。RF-35は対地攻撃
にも使用されるため、無誘導ロケット
弾を搭載することがある

機外装備（増槽）

RF-35　胴体下面パイロンと増槽。
単発機のドラケンは左右のクリアラン
スが少ないこともあり、増槽の懸架に
はハの字に開いた独特のパイロンを
使用する。この部分には空対空ミサイ
ルも装備できる

RF-35　胴体下面パイロンと増槽を後方から
見る。サイズと形状からしてドラケン標準の500
リットル増槽（※）ではなく、より大型の1,275リッ
トル増槽であろう。扁平な断面形で、フィン同士
が触れあいそうなほど近い。すぐ後ろ（写真手前）
のアンテナはドーサルのものと同じ形状
※標準の500リットル増槽のサイズと形状、装備状態については、
　本書16ページの写真を参照。

33

降着装置

Photo by Luc Colin（特記以外）

J 35A　前脚およびラムエア・タービンを右側面から見る。両者の前後の位置関係、前脚の基本形態、泥よけの支持方式などがわかる

J 35A　機体下面を前方から見る。脚やラムエア・タービンの位置関係、収納庫扉の開き方などがひととおり把握できる

RF-35　RF-35の前脚。基本構造はJ 35Aのものと同じだが、デンマーク向けの輸出型では重量増加に対応して強化されている。この写真では整備のためか、オレオが完全に縮んだ状態でリンク（※）中央の連結が解かれている
※脚柱の後ろにある、本来は「く」の字形をしたパーツ。

RF-35　同一機の前脚を前方から見たカット。脚柱の基部から複雑な泥よけの取り付け方まで一望できる。泥よけ前部の金具はトーイング・バーの取り付け部を兼ねている

RF-35 前脚の基部、左後方からのカット。写真左が前方。基部は引き込み機構やステアリングの操作機構などが集中し、複雑な構成となっている

SK 35C 複座練習機型SK 35Cの機首。複座型では前脚の構成が単座型と異なっている。わかりやすいのが車輪の上の泥よけの形状と支持方式で、前方には伸びておらずトーイング・バーの取り付け金具もないため、すっきりした印象となっている Photo by Werner Horvath

RF-35 前方から見た前脚収納庫扉。ドラケンの前脚扉はこのように、水平以上まで思い切り開くのが特徴。内側のディテールをよく見ると、前脚のV字支柱とリンクしていることがわかる

RF-35 RF-35の右主脚の全体像。基本形はスウェーデン空軍のJ 35A/F/Jのものと同一ながら強化されている。脚カバー内側に着陸灯がある。前面の配管もかなり目立つ

J 35A 主脚柱を後方から見る。取り付け角度や塗り分け、金属パイプによる配管、脚カバーの断面がよくわかる

RF-35 同一機の右主脚を右後方から見る。かなりゴツい油圧装置の塊であることが見て取れる。脚カバー後部の内側にも注目

RF-35 同一機の左主脚を内側から見る。写真右が前方。車輪内側のブレーキキャリパーの形状とブレーキの油圧用配管の取りまわしがわかる

RF-35 主脚収納庫扉。これは右主脚のもので、写真左が前方。扉は前後のアクチュエーターで引き上げる方式となっている

RF-35 主脚収納庫の内部を前方外から覗く。引き込み軸は脚柱の真上ではなく奥にオフセットされている。配線の取りまわしや内部の汚れ方にも注目

RF-35 主脚収納庫の前方隔壁。外側へとつながる配線、配管が貼り付けられている。奥には油圧のバルブらしき部品も見える

J 35A ドラケンの特徴の一つである尾輪。これは延長型テイルパイプとなったJ 35Aの66号機以降で、機首上げ時に尾部を地面に擦ってしまわないように追加された。J 35Aの65号機までとSK 35Cには無いので注意

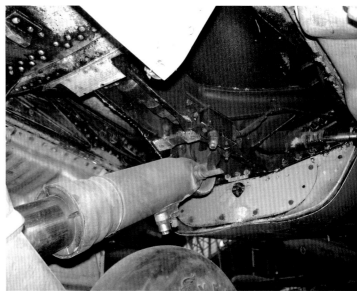

J 35A 尾輪収納庫の後部を前方から覗く。胴体下面の黒い縦通材にアクチュエーター／アブソーバーががっちりと固定されているのがわかる。収納庫扉の開閉アクチュエーターが後方にあることもわかる

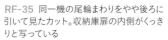

RF-35 同一機の尾輪まわりをやや後ろに引いて見たカット。収納庫扉の内側がくっきりと写っている

RF-35 RF-35の尾輪全景を後方から見る。収納庫の内部とカバーの裏側が明るく写っており、脚柱がH形をしているのもわかる。なお、尾輪のタイヤは空気を入れないタイプである

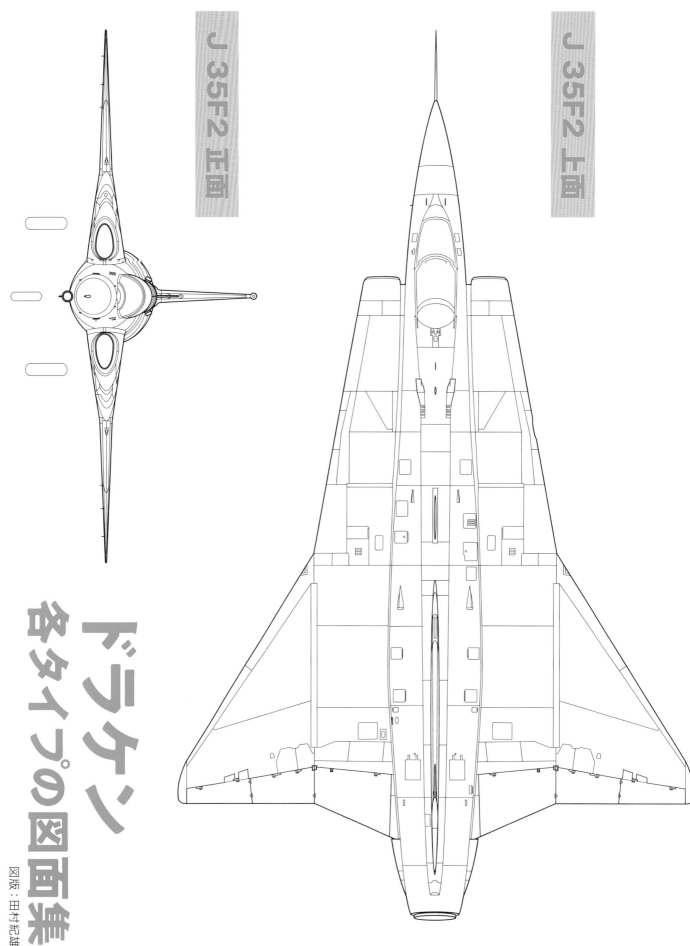

J35F2 正面

J35F2 上面

ドラケン 各タイプの図面集

図版：田村紀雄

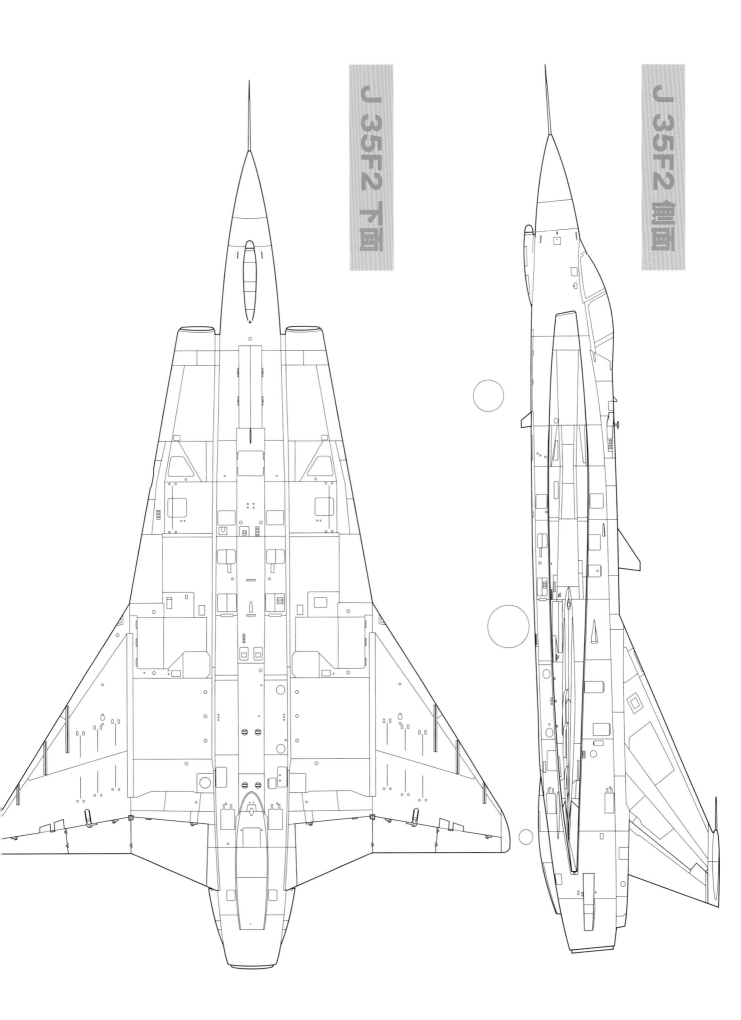

J35F2 下面

J35F2 側面

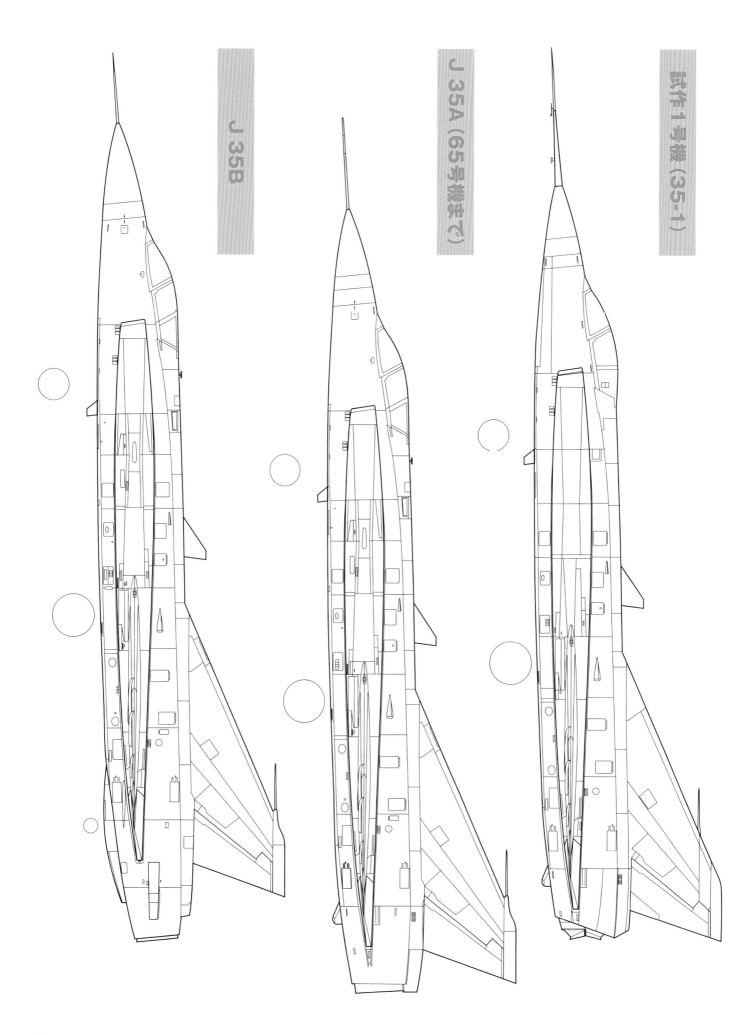

J 35B

J 35A（65号機まで）

試作1号機（35-1）

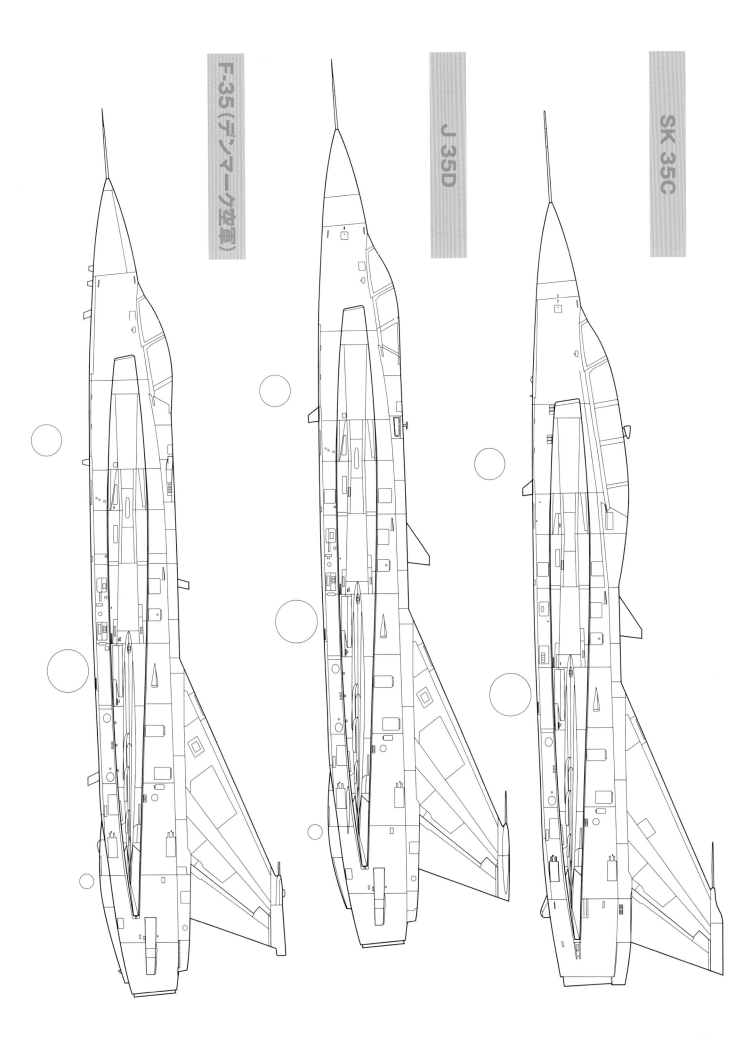

F-35（デンマーク空軍）

J 35D

SK 35C

41

VIGGEN サーブ37 ビゲン編

デモフライトで左旋回を行ないつつ特徴的な平面形をアピールする"Swedish Air Force Historic Flight（SwAFHF）"のAJS 37ビゲン
Photo by Hidenori Suzaki

機首を上げて急上昇するAJS 37。右舷のカナードと
主翼の前縁からヴェイパーが発生している
Photo by Hidenori Suzaki

離陸後、ギアアップしながら上空をめざすAJS 37。
大直径のノズルにアフターバーナーの炎が映える
Photo by Hidenori Suzaki

アフターバーナーの轟音を響かせ、短距離滑走で豪快に離陸するAJS 37。ギアアップする前で、車輪ニッが前後に並ぶタンデム式の主脚着陸装置にも注目
Photo by Hidenori Suzaki

離陸した直後のAJS 37。カナード後縁のフラップを下げることで追加の揚力を得、機首上げの姿勢を維持している
Photo by Hidenori Suzaki

飛行中に右にバンクするAJS 37。胴体下面右舷側のハードポイントにドロップタンクを装備している。独特の形状をした主翼下面の主脚収納ドアのパネルラインもよく判る
Photo by Frank Grealish

独自の設計思想に基づくマッハ2級の多用途戦闘機
サーブ37 ビゲン

文／巫 清彦

カナードとデルタ翼を組み合わせた斬新な設計

　サーブ37 ビゲンは、1960年代にサーブ社によって開発され、1972年から2007年までスウェーデン空軍に就役していた単発ジェット戦闘機である。生産数は原型機を除いて329機で、ドラケンと違い他国への輸出はされなかった。ジェット戦闘機の世代としては、第3世代[※1]に相当する。なお「ビゲン」(Viggen)という名称は、スウェーデン語で「雷電」や「雷神の鎚」を意味する。

　1960年2月、スウェーデンの国防資材局はサーブ32 ランセン[※2]、サーブ35 ドラケンの後継となる次世代戦闘機Flygplan 37（略称はFpl 37）の要求仕様を策定した。主な要目は、①全天候下での作戦行動が可能なこと、②対地攻撃型、偵察型、練習機型、戦闘機型の四つのタイプが生産可能であること、③最大速度マッハ2、地上滑走開始から2分以内に高度10,000mに達する上昇力を有すること、④離陸滑走距離500m以下の短距離離着陸(STOL)性能を有することなどであった。

　ドラケンよりも優れたSTOL性能が求められた理由は、スウェーデン空軍においてSTOL性能は、その機体を運用可能な基地の数に直結するからである。だが、高速性能とSTOL性能は二律背反の関係にあるため、その両立は困難な課題であった。

　1961年、空軍航空委員会は、Fpl 37用の動力源として米プラット&ホイットニー社が開発した大推力、低燃費のターボファンエンジンJT8Dが最適という評価を下し、同エンジンをスヴェンスカ・フリグモーター[※3]がライセンス生産することが決まった。

　これを受けて、サーブ社は1962年2月、JT8Dを搭載するプロジェクト1534という設計案を空軍に提出。同設計案の大きな特徴は、前縁後退角の異なるダブルデルタ翼とカナード（先尾翼）を組み合わせたこと、エンジンの排気を前方に向けて噴射するスラストリバーサー（逆噴射装置）を装備することで、いずれも空軍の要求を満たすための野心的な試みだった。

　空軍は半年以上かけてプロジェクト1534を精査し、1962年9月に正式に承認。同設計案に基づくFpl 37のモックアップと試作機の製造を進めるようサーブ社に指示した。

　モックアップは1965年4月に完成し、このときFpl 37は空軍司令官によって「ビゲン」と命名された。ビゲンの試作1号機は1966年11月24日にロールアウトし、1967年2月8日に初飛行した。試作機は計7機が造られ、各種の試験に供された。

　最初に量産されたのは対地攻撃型のAJ 37で、1972年1月に第7航空団(F7)に配備され実働体制に入った。以降、幾つかの派生型を生みつつビゲンの量産、近代化改修は約25年にわたって続けられ、スウェーデン空軍の9個航空団隷下の17個飛行隊で多様な任務に就いた。

ビゲンのメカニズム

　ビゲンは、デルタ翼（厳密にはダブルデルタ翼）とカナードの組み合わせを採用した世界初の実用ジェット戦闘機であった。この組み合わせは、今日では「クロースカップルド・デルタ」形態と呼ばれ、サーブ39 グリペン、ユーロファイター タイフーン、ダッソー ラファールなどで採用されているが、その先駆けがビゲンである。

　主翼の翼平面形はダブルデルタ翼だが、ドラケンのものと違って内翼、外翼を分割できない一体型である。またドラケンの主翼とは逆に内側の前縁後退角が小さく、外側の前縁後退角が大きい。翼面積は46.0m²で、後縁にエレボンが2枚ずつ備わっている。

　主翼の前方にはカナードがある。カナードの後縁にはフラップが備わっており、離着陸で迎

胴体下に夜間撮影用カメラポッドと増槽を、左主翼下に電子妨害ポッドを搭載して偵察任務を行う第13航空団のSF 37
Photo by Ingemar Thuresson, SFF photo archive

え角を大きくとる際にこのフラップを下げることで、低速域でも十分な揚力が発生する。これにより失速速度を遅くでき、着陸滑走距離を短くできる。

　エアインテークは胴体の左右に設けられている。ショックコーンの無い固定式なのは生産性と整備性を重視した結果だが、可変式が有利となるマッハ2.0以上の超音速域で飛行する場面は実際にはほとんど無いので、大きな問題にはならなかった。

　後部胴体の4か所には正面から見てX字状に展開するエアブレーキが、後部胴体下面には横方向の安定性を改善するベントラルフィンが備わっている。このフィンには無線通信用アンテナが内蔵されている。

　垂直尾翼は台形の一枚翼だが、地上静止時に限り根本から左舷側に折りたたむことができるユニークな機構を持つ。これは天井の低い地下格納庫や分散基地の掩蔽壕に収めるためのギミックで、通常時の高さは5.6m、折りたたみ時の高さは4.0mとなる。翼面積は5.5m²で、後縁に方向舵が備わっている。

　エンジンは、米プラット&ホイットニー社のJT8Dをボルボ・フリグモーターがライセンス生産した「RM 8」シリーズを搭載。ただし、国産化にあたって設計変更が行われ、構造材や寸法もオリジナルのJT8Dとは異なる大推力エンジンとなった。AJ 37を含む4タイプはRM 8A（ドライ推力65.6kN、アフターバーナー推力115.6kN）を、戦闘機型のJA 37はRM 8B（ドライ推力72.0kN、アフターバーナー推力125.0kN）を1基搭載する。

胴体下にRb 24J短射程AAMを、主翼下にRb 28短射程AAMを搭載したAJ 37（Rb 24JはAIM-9Jサイドワインダーの、Rb 28はAIM-4Cファルコンのライセンス生産型）
Photo by W Linder, SFF photo archive

※1　高性能なレーダーを装備し、中射程空対空ミサイルを運用でき、全天候能力とある程度のマルチロール（多用途）性を持つようになった戦闘機。
※2　1956年にスウェーデン空軍に就役したジェット戦闘機。対地・対艦攻撃型、偵察型も含め450機が製造された。名称の「ランセン」(Lansen)はスウェーデン語で「槍」を意味する。
※3　1970年にボルボ・フリグモーターとなる。

ビゲンは、スラストリバーサーを装備した世界初の実用戦闘機でもある。スラストリバーサーの使用時は、エンジンの排気ノズルが3枚のバタフライ型プレート・ドアによって閉鎖され、排気ガスを後方へ排出できなくなる。逃げ場を失った排気は、胴体尾部の周囲に三つ空けられたスロット状のエグゾースト・エジェクター（排気噴出口）から前方へ向けて噴出される。スラストリバーサーを使用できるのは着陸滑走中のみで、降着装置のアンチスキッド・ブレーキと併用すれば、実質200m余りの距離で停止することができた。自重が1トン強しか違わないF-4ファントムⅡの着陸滑走距離が1,120mであることを考えると、これは驚異的な値である。

降着装置は、前脚は二重車輪で前方引き込み式、主脚は車輪二つを縦に並べたタンデム式で、内側に引き込まれて格納される。ビゲンはスラストリバーサーによる制動を最大限に活用するため、着陸時は原則（アフターバーナーを使用しない）フルスロットルで接地する。この負荷と衝撃に耐えるため、降着装置は艦載機のそれ並みに頑丈にできており、主脚のオレオ式緩衝装置も作動長が大きくとられている。故に脚柱は長く、全高も高くなってしまった。前記した垂直尾翼の折りたたみ機構は、高い全高を少しでも低くする工夫である。

レーダーはエリクソン社製。AJ 37が装備するPS-37/A モノパルス・レーダーには空対空、地形追随、地上マッピング、海上捜索の四つのモードがあり、主に対地／対艦攻撃に使用できた。戦闘機型のJA 37はPS-46/A パルスドップラー・レーダーを装備。こちらは特に空対空能力が強化されており、視程外戦闘、全天候下でのルックダウン／シュートダウン能力を有する。

固定武装は、JA 37のみ胴体下面にエリコンKCA 30mm機関砲1門を装備した。機外兵

JA 37 ビゲン 諸元

全幅	10.60m
全長	16.40m
全高	5.93m
主翼面積	46.00㎡
カナード面積	6.70㎡
空虚重量	12,200kg
最大離陸重量	22,500kg
機内燃料搭載量	5,700L
最大搭載量	6,000kg
エンジン	ボルボ・フリグモーターRM 8Bターボファン×1
エンジン推力	（ドライ）72.0kN
	（A/B）125.0kN
最大速度	マッハ2.1
航続距離	2,000km
戦闘行動半径	400km（迎撃時）
上昇力	高度10,000mまで1分24秒
実用上昇限度	18,000m
離着陸距離	500m以下
兵装	エリコン KCA 30mm機関砲×1、空対空ミサイル×2～4等
乗員	1名

主翼下にRb 24J短射程AAMとRb 71中射程AAMを2発ずつ搭載した空対空戦闘仕様で飛行する第13航空団のJA 37（Rb 71は英国のスカイフラッシュを国産化したもの）
Photo by Ake Andersson, SFF photo archive

装としては、主翼および胴体下面のステーションにRb 24J短射程空対空ミサイル（AAM）、Rb 71中射程AAM、Rb 04E空対艦ミサイル、Rb 75空対地ミサイル、ロケット弾ポッド、増槽などを搭載できる。兵装ステーションの数はAJ 37が7か所、JA 37が9か所である。

ビゲンの生産型

当初175機（後に180機に増加）が発注されたビゲンの量産機は、AJ 37を含む4タイプが存在した。量産は1970年に開始され、1979年までに全機が空軍に引き渡された。RM 8Aエンジンを搭載するこれら4タイプは、後に戦闘機型JA 37が登場したことにより「第一世代ビゲン」と呼ばれるようになる。

◆AJ 37

最初の量産型。主任務は対地・対艦攻撃だが、副次任務として空対空迎撃も想定されていた。「AJ」の任務記号はAttack・Jakt（スウェーデン語で攻撃・戦闘の意）を示す。1971年7月に空軍に引き渡され、翌72年に実戦飛行隊に配備された。製造数は108機。

◆SK 37

レーダーと火器管制装置を持たない複座の練習機型。「SK」の任務記号はSkol（教育の意）を示す。後席（教官席）の設置に伴い胴体前部燃料タンクが廃止されたため、その減少分を補うべく増槽が標準装備となった。また複座化により方向安定性が悪化したため、対策として垂直尾翼が増積され、前縁にドッグツースが追加された。18機が製造され、機種転換訓練に用いられた。

◆SF 37

AJ 37をベースにした偵察機型で、レーダーと火器管制装置に替えて、機首に計7台のカメラを装備する。「SF」の任務記号はSpaning Foto（偵察・写真の意）を示す。戦術偵察ミッションでは、主翼下面に自衛用のRb 24 AAMと電子妨害ポッドを装備する。28機が製造され、後述のSH 37と混成で運用された。

◆SH 37

海洋哨戒／対艦攻撃に特化したタイプで、「SH」の任務記号はSpaning Hav（偵察・海洋の意）を示す。洋上捜索能力に優れたエリクソンPS-371/Aレーダーと記録用カメラを搭載し、バルト海の上空で哨戒任務に就いた。AJ 37から1機が改造され、27機が新造された。

サーブ社は1968年に戦闘機型ビゲンの設計に着手していたが、この時点ではまだドラケンの性能も一線級であったため、さほど開発を急ぐ必要はなかった。AJ 37やSF 37が先に就役したのは、こうした理由による。

戦闘機型の開発が本格化したのは1970年代に入ってからで、エンジン、レーダーを更新し、機体設計を改めた試作機が1975年12月15日に初飛行した。これが「第二世代ビゲン」と呼ばれるJA 37ヤークトビゲンで、1979年から量産機の配備が開始された。

◆JA 37

ビゲン初の本格的な戦闘機型で、シリーズ最多の149機が製造された。「JA」の任務記号はAJと順番が逆で、空対空迎撃が主任務、対地・対艦攻撃が副次任務であることを示す。推力が向上したRM 8Bエンジンを搭載、レーダーを新型のPS-46/Aとし、本格的な視程外戦闘能力を獲得した。外観上の違いとしては、エンジンの更新に伴いAJ 37より胴体長が13mm延びたほか、SK 37と同様のドッグツース付きの大型垂直尾翼を備えている。また、第一世代ビゲンは固定武装を持たなかったが、JA 37は30mm機関砲1門を胴体下面に装備した。

1990年代に入ると後継機サーブ39 グリペンの開発が本格化するが、その戦列化には相応の年月がかかると予測されたため、ビゲンの一部の機体を近代化改修することが決定した。改修機の内訳は下の表のとおり。これらの近代化改修は、外見上の違いこそほぼ無いものの、搭載電子機器が刷新され、Rb 74短射程AAM、Rb 99中射程AAM、RbS 15F空対艦ミサイルといった新世代ミサイルの運用が可能となったことで戦闘能力が大幅に向上した。

また、近代化改修型とは別に、いったん退役したSK 37の機体フレームを流用し電子戦機に改造したSK 37Eも10機完成している。これらの機体は、グリペンの本格配備までのつなぎ役として、2000年代半ばまで運用された。

ビゲンの近代化改修機の内訳

元のタイプ名	機数	改修後のタイプ名
AJ 37	48機	AJS 37
SF 37	25機	AJSF 37
SH 37	25機	AJSH 37
JA 37	35機	JA 37D

ビゲンの機体外観

AJS 37 AJS 37はビゲン最初の生産型AJ 37アタック・ビゲンの近代化改修型である。ビゲンの基本形、シルバー・メタリックの外板の質感にも注目したい
Photo by Frank Grealish

SK 37 複座練習機型SK 37スコール・ビゲンをほぼ真横からとらえた写真。増設された後席や、増積されドッグツースがついた垂直尾翼によるアウトラインの変化が正確につかめるカット。後席は前方視界を確保するためやや高く設置されているのがわかる
Photo by Chris Lofting

SF 37 屋外に展示された写真偵察型SF 37スパニングス・ビゲン。機首の形状はドラケンの偵察型と同様に、下面に段差があり、カメラ窓が備わっている
Photo by Akira Watanabe

SF 37 同一機を斜め後方より見る。機体の外形としては、機首以外はAJ/AJS 37とほぼ同じだが、塗装と光の加減で印象がだいぶ変わる。こちらのほうがディテールやパネルラインの汚れは見やすいだろう
Photo by Akira Watanabe

SF 37 部隊で稼動中のSF 37で、増槽のみ装備したすっきりした状態。カメラ窓の配置がざっくりとつかめるほか、脚収納庫扉の開き方もはっきりとわかる
Photo by Chris Lofting

SF 37 離陸するSF 37のほぼ真横をとらえたカット。アウトラインの正確な把握に役立つだろう。グリペンのものに似たグレー二色ロービジ迷彩で、塗り直されて間もないのかあまり汚れていない
Photo by Chris Lofting

JA 37 着陸するJA 37ヤークト・ビゲン。迎撃戦闘機型で、推力増強に対応するため垂直尾翼が複座型SK 37と同様に増積されているのが外観上の特徴である。垂直尾翼の後方にあるブレードアンテナはJA 37のみの装備。JA 37の胴体はAJ/AJS 37よりわずかに延長されているが、この写真ではわかりにくい
Photo by Chris Lofting

JA 37 グレーの制空迷彩をまとったJA 37。かなり汚れているせいでパネルラインが見えやすくなっている。胴体後部の汚れはスラストリバーサーによるものだろう
Photo by Chris Lofting

AJSH 37 AJSH 37は海洋哨戒型SH 37の近代化改修型である。この写真は部隊配備当時のもので、胴体下面に増槽とカメラポッドを、翼下パイロンに国産のRbS 15F空対艦ミサイルを搭載している
Photo by Chris Lofting

AJSH 37 博物館展示のAJSH 37を斜め前方より見る。この機体も胴体下面に増槽とカメラポッドを搭載している。AJSH 37の主任務は機首のレーダーによる艦船の監視だが、近代化改修によりマルチロール化されている
Photo by Luc Colin

AJSH 37 同一機を正面からとらえたカット。やや広角で撮られているので遠近感が強調されているが、レドームの塗り分けやプローブの付き方、カナードの取り付け下反角などはつかめるだろう
Photo by Luc Colin

AJSH 37 同一機の側面を後方から。カナード後縁にあるフラップと主翼後縁のエレボンは、ともに油圧のない状態では下がる。脚収納庫扉も同様に油圧が抜けているのに注目
Photo by Luc Colin

ビゲンのディテール

Photo by Akira Watanabe

SF 37 ここでは偵察型SF 37の特徴的な機首をあらゆる角度から見ていただこう。機首下面に段差をつけて前下方カメラ窓を設置する設計はドラケンの偵察型S 35Eからの流れを受け継ぐスタイルだ

SF 37 同一機の機首のアングルちがい。機首の搭載カメラの内訳は、パノラマカメラ3台、垂直撮影用カメラ1台、望遠撮影用カメラ2台、赤外線ラインスキャナー1台の計7台

SF 37 機首の両側面には望遠カメラ用のものと思われる円形のカメラ窓が設けられている

SF 37 平面になった機首下面には垂直カメラと赤外線ラインスキャナーのものと思われる透明のカメラ窓が2か所設けられている

SF 37 機首両側面のカメラ窓には平面ガラスが使用されているため、その周囲を盛り上げて成形されている。平面ガラスを使用するのは光学的な歪みや反射を避けるためだろう。カメラ窓後ろ上方のパネルがフィルム交換口

SF 37 ノーズコーン後方の突出したフェアリングは右舷にのみある。パイロット用ペリスコープを兼ねており、パイロットはカメラと同じ垂直視野を見ながら偵察できる。その間は自動操縦となる

コクピットとキャノピー

AJSH 37 AJSH 37の計器盤正面。近代化改修された機体だが、基本的に第一世代ビゲンのアナログ計器のままだ。操縦桿の奥、中央の円形のものがレーダースコープで、遮光フードが取り付けられている。その上のカバーには単位換算表が貼られている。ビゲンでは光学照準器ではなくヘッド・アップ・ディスプレイ（HUD）が装備されている Photo by Fyodor Borisov

JA 37 こちらは第二世代ビゲンであるJA 37のコクピット内部。中央のレーダースコープが長方形のターゲット・ディスプレイに、その右上の計器が水平状況認識ディスプレイ（HSD）に変わったのが大きな違いである Photo by Emil Svenson

AJ 37　ビゲン最初の生産型であるAJ 37の
コクピット。もちろん計器はアナログ。やや上
から撮られた写真なので、サイドコンソール
の配置が見やすい。HUDカバーの奥に光源
も見える。シート下部の収まり方やフットバー
は別角度からの写真と見比べると把握できる
Photo by Saab

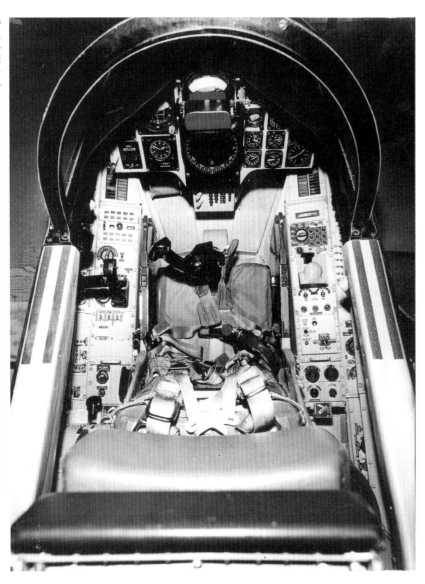

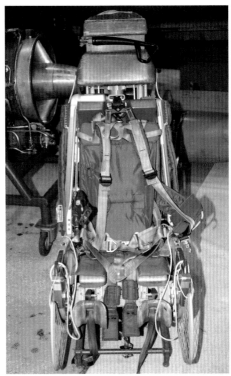

AJ 37　ビゲン用の射出座席RS-37。スウェーデン国
産のシートで、全型共通で装備され、コクピット内には
19°傾けて装着されている。ハーネスは連結部が外さ
れた状態。手前の赤い部分がファイアリング・ハンドル。
写真ではヘッドレスト上のアーミング・ハンドルは横に
折りたたまれている　Photo by Flygvapenmuseum

AJS 37　近代化改修された攻撃機型
AJS 37の機首クローズアップ。最もス
タンダードなビゲンのコクピットまわり
の全体像で、風防は枠無しの一体型、
キャノピーが開いており、手動開閉ノブ
やバックミラーの取り付け位置などが
わかる　Photo by Frank Grealish

■ビゲンのディテール
コクピットとキャノピー

AJSH 37 博物館展示のAJSH 37のコクピットを後上方から。射出座席の取り付け方やキャノピー開閉ヒンジ部がよく見える。また、エアインテークと前部胴体の間の支持ステーも写っており、その上面に黄色の文字で注意書きが描かれているのがわかる
Photo by Akira Watanabe

SK 37 複座練習機型SK 37のコクピットまわりのクローズアップ。後席が教官席で、前後で高低差がつけられていることがよくわかる Photo by Andreas Zeitler

SK 37 SK 37のコクピットを前方から見る。後席を一段高くしても前方視界が不足するので、両席のキャノピーの間の左右には後席用の前方ペリスコープが取り付けられている。このペリスコープは前方から見ると砲隊鏡か測距儀を思わせる独特な形状となっている
Photo by
Andreas Zeitler

SK 37 SK 37が両席のキャノピーを開けているカット。見比べてみると、後席キャノピーにはバックミラーが無く内側がすっきりしていることがわかる。背中に突出しているので後方視界は良いのだろう。後席の前方に小さな独立した風防があり、ヘッド・アップ・ディスプレイ（HUD）がないこともわかる。座席は前後で同じものが備わっている
Photo by
Andreas Zeitler

58

前部胴体

AJSH 37　博物館展示のAJSH 37のエアインテークまわりを側面から見る。写真右が前方。薄黄色の帯状のものは編隊灯で、初期のEL（電解発光体）が使われており夜間は緑色に輝く。「FARA」はスウェーデン空軍機ではおなじみの「DANGER」表示。分割線の前後で塗装が連続していないのは、この展示機の事情だろうか
Photo by Luc Colin

AJSH 37　同一機のエアインテークを斜め前方から。ビゲンのエアインテークは全タイプ共通で、ドラケンに続いて固定式が採用されている。ただし、リップとの間に下端だけ隙間があるなど構成はドラケンのものよりやや複雑になっている
Photo by Luc Colin

AJSH 37　エアインテークと前部胴体の隙間、下側のクローズアップ。境界層制御のためにスプリッター・プレートを挟むのはジェット戦闘機では普通だが、下部だけの切り欠きや支持ステーはあまり見ない構造だ。リップの内外でステーはそれぞれ独立している　Photo by Luc Colin

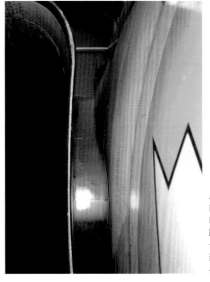

AJSH 37　エアインテークと前部胴体の隙間、上側のクローズアップ。こちらにも前部胴体とリップの間に支持ステーが追加されており、その基部が成形されているのもわかる　Photo by Luc Colin

AJSH 37 機体の右舷、コクピット周辺からドーサル部、カナードの上面などを一望できるカット。この写真でもエアインテークの支持ステー上面の注意書きが小さくだが見える。黄色で描かれた注意書きの文言 "TRAMPA EJ HAR" はスウェーデン語で「ここを踏むな」の意 Photo by Akira Watanabe

AJSH 37 右上の写真と同じ撮影ポイントから後方を見たカット。パネルラインの構成、ドーサルの起伏やアウトレットのほか、手前のカナード上面にはボルテックス・ジェネレーターも見える Photo by Akira Watanabe

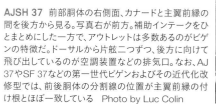

AJSH 37 前部胴体の右側面、カナードと主翼前縁の間を後方から見る。写真右が前方。補助インテークをひとまとめにした一方で、アウトレットは多数あるのがビゲンの特徴だ。ドーサルから片舷二つずつ、後方に向けて飛び出しているのが空調装置などの排気口。なお、AJ 37やSF 37などの第一世代ビゲンおよびその近代化改修型では、前後胴体の分割線の位置が主翼前縁の付け根とほぼ一致している Photo by Luc Colin

AJSH 37 反対側の左舷から胴体中央部を見下ろす。写真左が前方。二つあるアウトレットの形状と、ドーサルの点検パネル開閉ヒンジが両側にあることがわかる。カナード後縁のフラップの上面には "TRAMPA EJ HAR"（ここを踏むな）の注意書きが描かれている。その下に見えるのは引き込み式のラムエア・タービン Photo by Akira Watanabe

AJSH 37 ドラケンと
同様に、ビゲンの胴体
左側面の下部には引き
込み式のラムエア・タ
ービンが装備されてい
る。ブレードの枚数は2
枚。その手前に見えて
いるのはエアインテー
ク・ダクト下のパイロン。
逆「く」の字に折れ曲が
った形状がよくわかる
Photo by Luc Colin

AJSH 37 ラムエア・タービンと
その収納部を側面から見る。上に
見切れているグレーの部分が垂
れ下がったカナード後縁のフラッ
プなので、位置はつかみやすいだ
ろう。写真右上の注意書き（油圧、
窒素ガス、空気の供給に関する内
容）や収納庫の中にある円形のメ
ーターなども見所だが、収納庫扉
の内側に部隊エンブレムが描かれ
ている（写真左下）のも面白い
Photo by Luc Colin

AJSH 37 斜め後方から見た
ラムエア・タービンとその収納
庫。ダイナモ本体のマウント方
法や収納庫扉の構造がブレー
ドの位置に合わせた形状にな
っていることがわかる。引き込
み用アクチュエーターもかなり
目立っている
Photo by Luc Colin

AJSH 37 胴体下面を前方から見た
カット。赤い出っ張りは衝突防止灯、
その奥に開口しているのは空調装置
や機器冷却用などの補助インテーク。
ビゲンはこれ一つで複数の吸気を兼
用しており、他にはあまり開口していな
い Photo by Luc Colin

61

SF 37　同一機の胴体左舷下面を前方から見る。AJSH 37と同様に、赤色の衝突防止灯の奥に補助インテークの開口部がある。エアインテーク・ダクト下のパイロンの折れ曲がった形状も同様　Photo by Akira Watanabe

SF 37　屋外展示されているSF 37のエアインテーク下面。この角度からだとインテークリップが意外とカーブしていることが強調されて見える。下端の切り欠きとステーの形状、位置関係もはっきりわかる
Photo by Akira Watanabe

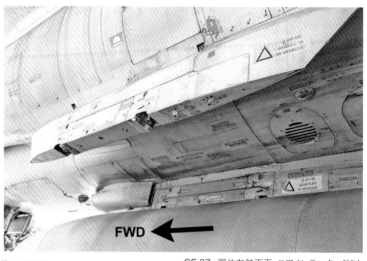

SF 37　胴体左舷下面、エアインテーク・ダクト下のパイロン（手前）と胴体下センターパイロン（奥）付近を後方より見る。補助インテークとセンターパイロンが一体化しているのがよくわかる。余剰空気のアウトレットや後方のスリットも写っている。パイロンの断面にも注目
Photo by Akira Watanabe

SF 37　胴体右舷下面を後方から見る。こちら側に特有のディティールとして、エアインテーク・ダクト下のパイロンと胴体下センターパイロンの間に四角い開口部がある。ビゲンにはエンジン始動用の小型ガスタービン（GTS）が内蔵されており、その排気口である。これはAPU（補助動力装置）とはやや異なる扱いのようだ
Photo by Akira Watanabe

SF 37　小型ガスタービン（GTS）排気口のクローズアップ。ダクトの開口部は単なる長方形ではなく、内部に仕切りのある凝ったつくりになっている
Photo by Akira Watanabe

JA 37 JA 37の胴体左舷下面を前方から見る。迎撃戦闘機型のJA 37は、胴体下センターパイロンと一体化した補助インテークの隣に30mm機関砲を固定装備しているのが特徴だ。補助インテークの形状が変更されているのもわかるが、これは機関砲の冷却用も兼ねることになったためと思われる
Photo by Akira Watanabe

JA 37 同一機の機関砲フェアリング後部を左前方から見る。中央の開口部はエジェクション・ポート（排莢口）。弾倉はさらに後ろにあり、後方に大きく開いて給弾作業を行う。給弾機構と機関部はパイロン後端をまたぐように設置されている。給弾はベルトリンク式
Photo by Akira Watanabe

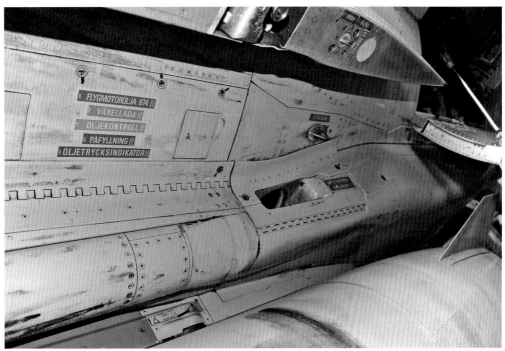

JA 37 機関砲フェアリング右側のアングルちがい。横に膨らんだフェアリング後部の形状、GTS排気口やエアインテーク・ダクト下のパイロンとの位置関係がわかりやすい
Photo by Akira Watanabe

JA 37 同一機の機関砲フェアリング右側を前方から。こちらにもエジェクション・ポートが開口している。排煙によるものか周囲が高熱で焼けているが、GTSの排気が当たりそうな所でもある　Photo by Akira Watanabe

後部胴体

AJSH 37　後部胴体下面をほぼ真後ろから見る。中央がベントラルフィン、その左右が開いた状態のエアブレーキ。エアブレーキの裏側のディテールがよく見えるほか、ベントラルフィンの後端が切り落としたような半面になっていることもわかる
Photo by Luc Colin

AJSH 37　ベントラルフィン右側面のクローズアップ。簡素だが意外と厚みのあるパーツで、内部には無線機のアンテナが入っている。取り付け方は豪快にボルトオンのようだ
Photo by Luc Colin

SF 37　SF 37の胴体下面、前後胴体の分割線より後ろから前方を望むアングル。この展示機は主脚収納庫扉（右上）が閉じた状態なので、そのヒンジまわりにも注目。下面の汚れ具合の参考にも良さそうである
Photo by Akira Watanabe

SF 37　右舷エアブレーキの表側（前面）。
ビゲンのエアブレーキは表側もこのように
機体色とは別の、裏側と同様の色に塗ら
れていることがある
Photo by Akira Watanabe

SF 37　エアブレーキの作動部。
シリンダー一本で開閉するわか
りやすい構造だが、メッシュが張
られた部位など独特のディテー
ルもある
Photo by Akira Watanabe

JA 37　左舷の前後胴体の分割線（写真中央）と
その周辺。主翼前縁の付け根が分割線よりやや後
ろに見える。JA 37はエンジン換装に伴い第一世
代ビゲンより後部胴体が約10cm延びているが、そ
れが形になって見えるポイントである
Photo by Akira Watanabe

尾部

AJSH 37　尾部の右側面、ビゲンの特徴のひとつであるスラストリバーサーを含む排気口周辺。写真中央よりやや右に見えるのがスラストリバーサーのエグゾースト・エジェクター（排気噴出口）、エレボン基部の上にあるパネルがアクチュエーター点検パネルである
Photo by Luc Colin

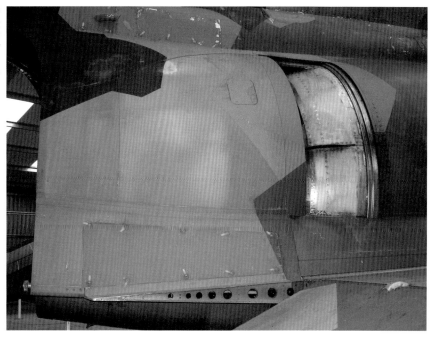

AJSH 37　排気口を右斜め後方からのぞく。3枚あるプレート・ドアのうち上の1枚のみが閉状態となっているが、これは油圧が抜けているせいだろう。おかげで両方の状態の参考になる。開状態、すなわち通常時は内壁とほぼ面一になっていることがわかる
Photo by Luc Colin

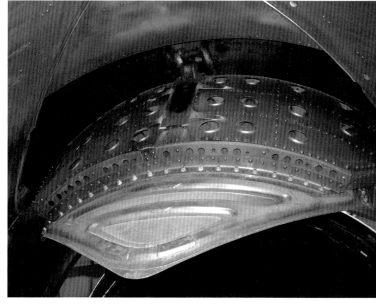

AJSH 37　スラストリバーサーのプレート・ドアのクローズアップ。よく見ると単純な板ではなく、排気に耐えるための複雑な構造をしているのがわかる。焼け具合にも部分で差違があるようだ
Photo by Luc Colin

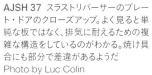

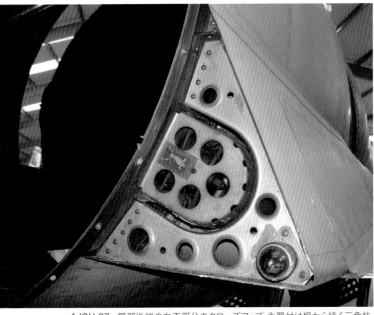

AJSH 37　尾部後端の右下部分のクローズアップ。主翼付け根から続く三角柱型の張り出しには、スラストリバーサー作動用の油圧アクチュエーターが入っている（上部のものはドーサル・フェアリング後部に収容されている）。穴の奥にはバルブらしきものが見える。外側の角（写真右下）に飛び出しているのは編隊灯
Photo by Luc Colin

AJSH 37　排気口内部のアップ。エグゾースト・エジェクターの隙間から向こう側が素通しに見えている。ここから前方に排気を噴き出す。RM 8エンジンの可変ノズル内側も見えている
Photo by Luc Colin

AJSH 37　同じく排気口内部。奥のアフターバーナー部、フレームホルダーの向こうにタービン後面も見えている。可変断面積ノズルのアクチュエーターは、ノズルフラップとテイルパイプの隙間にあることもわかる
Photo by Luc Colin

AJSH 37　尾部の全体像。ここからでもエグゾースト・エジェクターの隙間が見える。垂直尾翼は第一世代ビゲンの標準的な形態だ。手前（写真中央よりやや左）に見える凸字型のパネルは上部エアブレーキ。胴体下面のエアブレーキとは前後の位置関係も、形状も大きさもまったく異なる
Photo by Luc Colin

ビゲンのディテール
尾部

SF 37　屋外展示のSF 37の尾部。先のAJSH 37よりやや引いたカットで、テイルパイプのディテールがほぼ収まっている。単色で明るいのでパネルラインなど細部のチェックには良いだろう
Photo by Akira Watanabe

SF 37　同一機の尾部の別アングル。テイルパイプの裏側や垂直尾翼基部の後端にあるレーダー警戒受信機アンテナの半球状カバーがよくわかる
Photo by Akira Watanabe

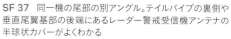

SF 37　前方から尾部下面のエグゾースト・エジェクターの隙間を見上げたカット。前下方への逆噴射は、排気が地面に当たってより下面を汚損するのみならず、インテークへの異物吸入の危険もあった
Photo by Akira Watanabe

SF 37　尾部下面を右側方からとらえたカット。この写真では、中央よりやや上に写っているエレボンのアクチュエーター・フェアリングと、右下に写っているベントラルフィン後方の小さなアンテナ群に注目
Photo by Akira Watanabe

SF 37　垂直尾翼の右側面。ビゲンの垂直尾翼は左に折りたたむことができるが、その際にロックを外す機構は、尾翼付け根右側の四角いパネルを開けて操作する
Photo by Akira Watanabe

SF 37　垂直尾翼後縁の方向舵のアップ。先のAJSH 37もそうだが、ビゲンの方向舵のアクチュエーターは左右非対称で、左右でフェアリングの大きさがまったく違う。この左側面の写真ではフェアリングの干渉具合もわかる。機体番号は塗り直しの跡が浮き出ている
Photo by Akira Watanabe

JA 37　第二世代ビゲンJA 37の垂直尾翼。機体重量、エンジン推力の増加と胴体延長に対応して（複座型と同様に）増積されたドッグツースつきのものに変更された。また本型のみの特徴として、垂直尾翼後方にFR 29ミッションデータ受信機のブレードアンテナが増設されている
Photo by Chris Lofting

69

カナード

AJSH 37　カナード上面の全景。パネルラ
インや取り付け部、ボルテックス・ジェネレ
ーター（中央）など一通りが収まっている。
なお、JA 37のみボルテックス・ジェネレー
ターが二つずつに増えている。
Photo by Akira Watanabe

AJSH 37　カナード下面。ビゲンのカナードは
全遊動ではなく後端がフラップになっている。こ
の写真ではヒンジとアクチュエーターの形状が
見て取れるほか、翼端の処理もわかる
Photo by Luc Colin

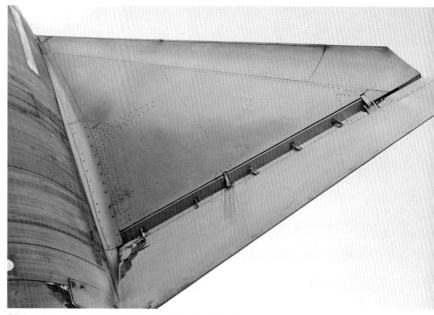

SF 37　カナード下面の全体像。前縁コニカル・キャンバーの
曲面やフラップ前端の隙間などがよくわかる
Photo by Akira Watanabe

主翼

AJSH 37　右主翼上面の前半部。胴体の絞り込みに対応して平面のフィレットを取り付けているため複雑な接合線となっている。胴体側面の大型アウトレットはプリクーラー冷却用
Photo by Akira Watanabe

AJSH 37　右主翼の上面。ドッグツースから前方に突き出した砲弾型のフェアリングは空力部品でもあるが、同時にレーダー警戒装置のアンテナ収容部でもある。この写真では両者の付き方がよくわかる
Photo by Akira Watanabe

ＡＪＳＨ 37　レーダー警戒装置のアンテナ・フェアリングの前半部のクローズアップ。黄色で描かれた「AKTAS」は「CAUTION」の意。このフェアリングは、下に見える外翼パイロンと同一線上にある
Photo by Luc Colin

AJSH 37　右主翼前縁のドッグツースの外側。ビゲンの主翼の航法灯はこの位置に埋め込まれている。右翼を示す緑色は外板に着色されている
Photo by Luc Colin

ビゲンのディテール
主翼

AJSH 37　右主翼上面の後半部の付け根。前桁と後桁に挟まれた内翼タンクの辺りが中心で、取り付け部のプレートや、よく見ればタンクのキャップも見える。後端の上面にある小さな円形の部分（写真左）は低輝度ライトで、垂直尾翼の機体番号を照らすためのもの
Photo by Akira Watanabe

AJSH 37　右主翼端から後縁にかけての部分。主翼後縁のエレボンは内側と外側の2枚に分かれており、それぞれ独立して作動するが、この写真では油圧が抜けて2枚とも下がっている。外側エレボンの中央と翼端からは編隊灯が後ろ向きに飛び出している　Photo by Luc Colin

AJSH 37　エレボンの下面。ビゲンのエレボンは上面のヒンジも割と目立つが、下面はアクチュエーターのフェアリングとパイロンが一体化して、いっそう賑やかな構成となっている。外側エレボンと翼端の編隊灯も、こちらから見ると取り付け方がよくわかる
Photo by Luc Colin

AJSH 37　同一機の左主翼上面の全景。レーダー警戒装置のアンテナ・フェアリングの外側にある航法灯の色が赤である以外は、右翼と特に異なる部分は見当たらない
Photo by Akira Watanabe

SF 37　SF 37の右主翼ドッグツースまわりを後上方から見る。ロービジで屋外なのでパネルラインがよくわかる。また、ドッグツースの内側が曲面成形されていることもわかる
Photo by Akira Watanabe

SF 37　右主翼ドッグツースまわりを下からあおり気味に見る。レーダー警戒装置のアンテナ・フェアリングとパイロンのつながり方がわかる
Photo by Akira Watanabe

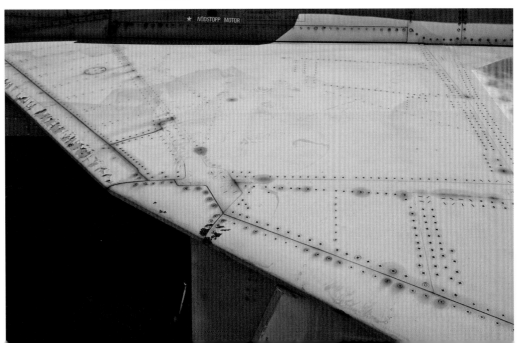

SF 37　ビゲンの主翼の特徴であるダブルデルタの前縁屈曲部。横からの撮影で写真左が前方。屋外展示機のため傷んでしまっているが、複雑な外板構成となっていることがわかる
Photo by Akira Watanabe

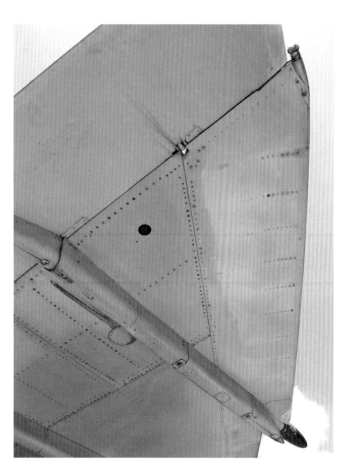

SF 37 右主翼の外翼部下面。アクチュエーター～パイロン～アンテナのつながりが見やすい。リベット穴の配列をよく見ると、外翼前縁にもドループが付けられているのがわかる
Photo by Akira Watanabe

SF 37 左主翼外側エレボンの編隊灯のクローズアップ。この辺りはもう乱流になっていると割り切っているのか、あまり空気抵抗は考えていなさそうな形状である
Photo by Akira Watanabe

SF 37 左主翼の下面をあおり気味に見る。写真上が前方。内翼パイロンと一体化したアクチュエーター・フェアリングがよくわかる。SF 37は自衛用の短射程空対空ミサイルのほか、チャフ／フレア・ディスペンサーやECMポッドをこれらのパイロンに懸架した
Photo by Akira Watanabe

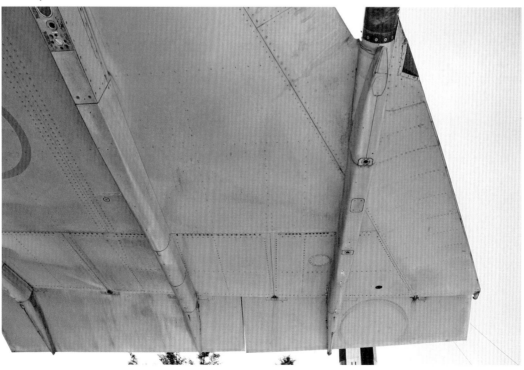

降着装置

AJSH 37　前方引き込み式の前脚まわりの全体像。写真右が前方。収納庫扉は油圧がかかっていないため垂れ下がっているが、稼働時はもっと大きく開く仕様なので注意
Photo by Luc Colin

AJSH 37　前脚を左斜め前方より見る。重量のある機体を過酷な条件で運用するため、前輪はダブルタイヤとなっている
Photo by Luc Colin

AJSH 37　前脚の正面。着陸灯やオレオのリンクがいずれも右側に寄っているのがわかる。ダブルタイヤとしつつもトレッドを縮めるため脚柱の形状を工夫している。ホイールの間に部隊マーキングが描かれているのが面白い　Photo by Luc Colin

AJSH 37　前脚の下部、ホイールまわり。写真右が前方。脚柱の側面が削ぎ落とされたような形状となり、H鋼のような断面となっていることが推察される。脚柱の前側にはリング状のトーイング・バー取り付け金具がある
Photo by Luc Colin

SF 37　屋外展示のSF 37の前脚。構造自体は先のAJSH 37のものと同じで、着陸灯の反対側に太めのステアリング用のシリンダーが水平に置かれている点も同じ　Photo by Akira Watanabe

SF 37　前脚を左後方から見る。屋外で明るいこともあってステアリングのリンケージ、配線の通り方などが立体的に把握できるカット
Photo by Akira Watanabe

SF 37　前脚を右後方から見る。上部はこのように複雑な構造だが、オレオより下には配線・配管は伸びておらずホイールはフリー。ビゲンの前輪にはブレーキは付いていない　Photo by Akira Watanabe

AJSH 37　前脚上部右側のクローズアップ。写真右が前方。着陸灯の配線やステアリング装置、引き込みアームの構成がわかる
Photo by Luc Colin

AJSH 37　前脚収納庫の内部、前方から脚付け根を見る。ここにも着陸灯が二つある
Photo by Luc Colin

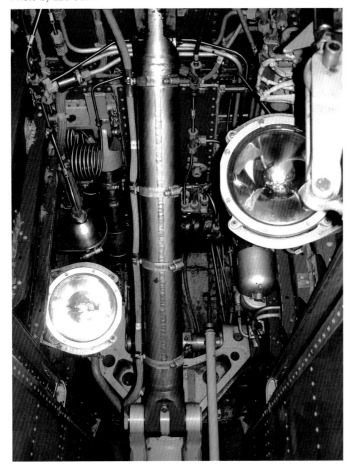

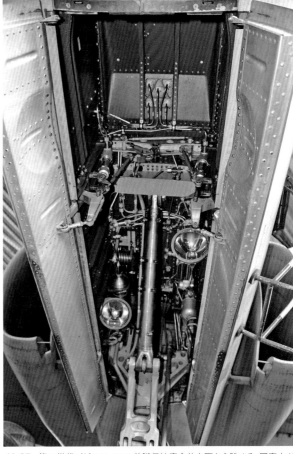

JA 37　第二世代ビゲンJA 37の前脚収納庫全体を下から眺める。写真上が前方。この部分は他のタイプとの差違は見られない。比較的新しい機体のためか、庫内の汚れや痛みは少ないようだ　Photo by Akira Watanabe

Nose gear well　　**FWD**

JA 37　前脚収納庫を別アングルから。写真右が前方。内部艤装の位置関係はこの写真が最もわかりやすい
Photo by Akira Watanabe

AJSH 37　前脚収納庫の前部を脚柱側から見る。左右に見える開閉アームより奥が車輪の収まる辺りで、天井、収納庫扉の双方が車輪の形状に合わせて凹ませてあるようだ　Photo by Luc Colin

AJSH 37　前脚収納庫の左側面。収納庫扉が垂れ下がっており、その開閉アームが着陸灯の前に被っているように見えるが、前記のとおり稼動機ではもっと大きく開くので問題は無い。扉の裏面のディテールがよくわかる
Photo by Luc Colin

SF 37　左主脚内側の全体像。写真右が前方となる。ビゲンの主車輪は接地圧を下げるため、二つのタイヤを前後に並べたタンデム式配置を採用している。シーソー型のスイングアームをリンケージで支えている上、ブレーキも前後に配置しているので配線や操作ロッドが複雑に入り組んでいるのがわかる
Photo by Akira Watanabe

Left main
gear as seen
from
behind

左主脚を
後方から

SF 37　左主脚の内側を前方より見る。スイングアームと支持リンクのオフセットされた位置関係、一度外を通ってきたブレーキパイプがアームの中を通ってキャリパーにつながるなど、一目では把握しづらい構造だ　Photo by Akira Watanabe

SF 37　左主脚の内側を後方より見る。前方から伸びてきたブレーキパイプの取り回しに注目。脚カバーとの隙間にも支柱が設置されているのがわかる
Photo by Akira Watanabe

Right main gear

SF 37　右主脚の内側を前方より見る。基本的には左主脚の鏡像だが、微妙なアングルの違いにより引き込み機構などはこちらのほうが見やすいかもしれない。ビゲンの主脚はそのままでは脚が長すぎて収納できないため、いったん短縮された後に内側（胴体側）に引き込まれる
Photo by Akira Watanabe

SF 37　右主脚の内側を後方より見る。こちらも基本的には左主脚の鏡像だ。脚自体はこれだけ凝っていながら、主脚カバーの裏面には凹凸などの加工が少なくシンプル　Photo by Akira Watanabe

Right main gear
右主脚

SF 37　左主脚の外側を後方から見る。主脚カバーとの隙間にある細い支柱も、シーソーとリンクしたシリンダーであることがわかる。キャリパーのないホイールの外側も参考になる
Photo by Akira Watanabe

SF 37　左主脚付け根のクローズアップ。写真右が前方。引き込み機構の回転軸のすぐ後ろに主桁があるのがパネルラインからもわかる。ダンパーや引き込みアームの構成、カバーとのリンクも見どころ
Photo by Akira Watanabe

SF 37 　右主脚収納庫のうち、脚柱が収まる主翼下面に当たる部位。その輪郭が主脚カバーと一致しているのがわかるだろう。なお、この展示機では稼動機と同様にタンデムの車輪が収まる部位の扉（写真右上）は閉じているので注意。主脚柱から枝分かれした斜め支柱の取り付け部を避けて配線が通されているのがわかる。奥（写真右下）に見えるのが引き込み用のアクチュエーター
Photo by Akira Watanabe

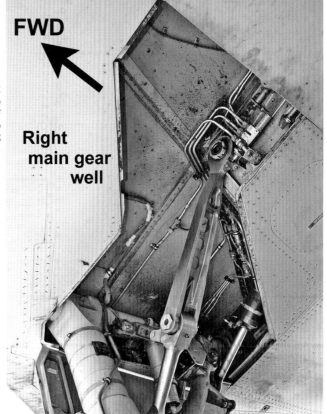

FWD

Right main gear well

JA 37 　左主脚収納庫のうち、タンデムの車輪が収まる部位（胴体側）の扉が油圧が抜けて垂れ下がった状態。扉の裏面にW字型に付けられたリブが特徴的だ。稼動機では主脚の収納時だけでなく、主脚が完全に引き出された後も再びこの扉が閉じるので、本来ならその裏面や収納庫の内部を見られる機会はめったにない
Photo by Akira Watanabe

AJSH 37 　右主脚収納庫のうち、タンデムの車輪が収まる部位（胴体側）を前下方から見る。写真右上が前方。かなり長いシリンダー1本で扉を引き上げる構造だが、前後の車輪の間にこれが挟まるのだろう
Photo by Akira Watanabe

AJSH 37 　右主脚収納庫の同じ部位を後下方から見る。写真右下が前方。タンデムのダブル車輪を収納するため前後に長いが、主要構造を避けて入れようとするとこのような形状になるのだろう。胴体側の配管に対して脚柱が収まる主翼側（写真中央から右上にかけて）の内部は割合すっきりして見える
Photo by Akira Watanabe

機外装備

AJSH 37　SH 37およびAJSH 37は機外装備の偵察ポッドによって写真偵察ないし夜間偵察能力を持つことができた。写真は胴体右舷パイロンに装備されたKaKカメラポッド。ポッドに内蔵されたSKa 24Dカメラのレンズ（焦点距離600mm）も確認できる　Photo by Luc Colin

AJSH 37　KaKカメラポッドを側面から見る。後部にいくにつれ細くすぼまった形状をしている。この写真ではパネルラインもよくわかる　Photo by Luc Colin

SF 37　胴体下センターパイロンに搭載された1,400Lドロップタンク（増槽）。ビゲンのセンターパイロンは増槽専用で、容量違いのものは用意されていないようだ
Photo by Akira Watanabe

SF 37　1,400Lドロップタンク（増槽）を後方より見る。先端の尖った砲弾型の形状で、断面は円形。後部にフィンが3枚備わっているが、上部の1枚のみ形状が異なり、やや小ぶりである
Photo by Akira Watanabe

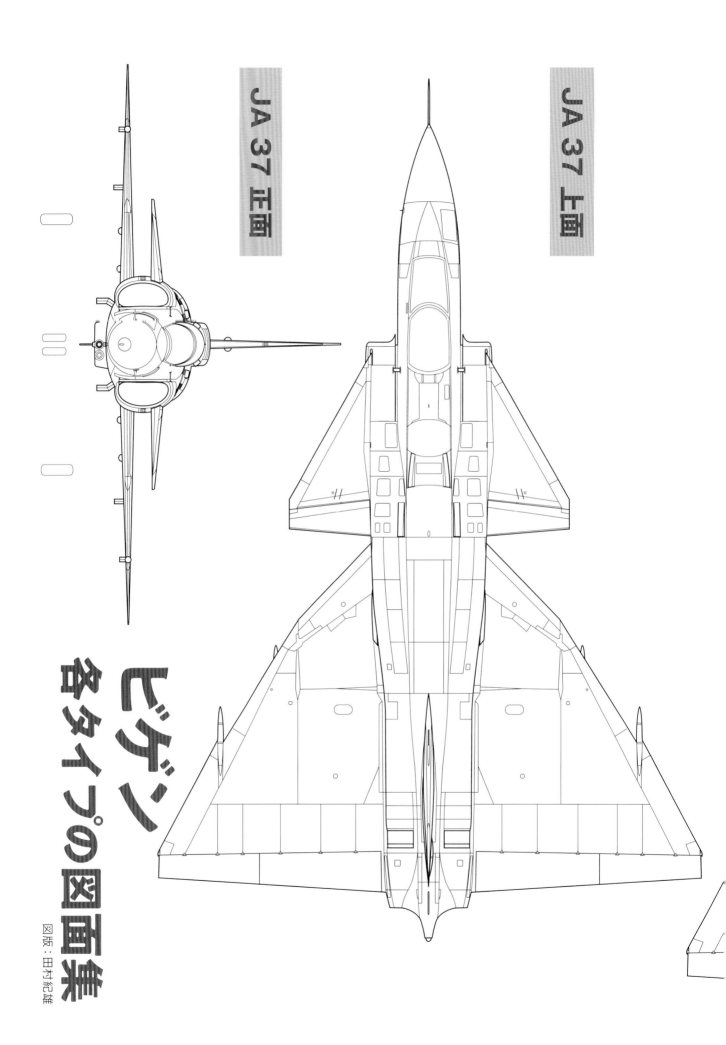

JA 37 上面

JA 37 正面

ビゲン
各タイプの図面集

図版：田村紀雄

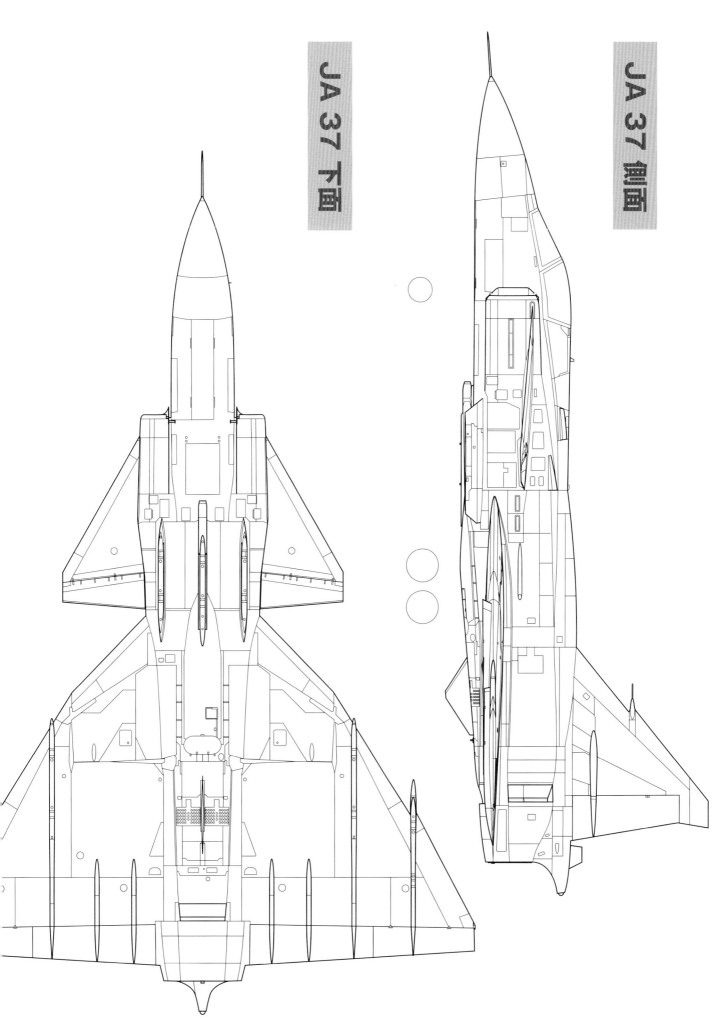

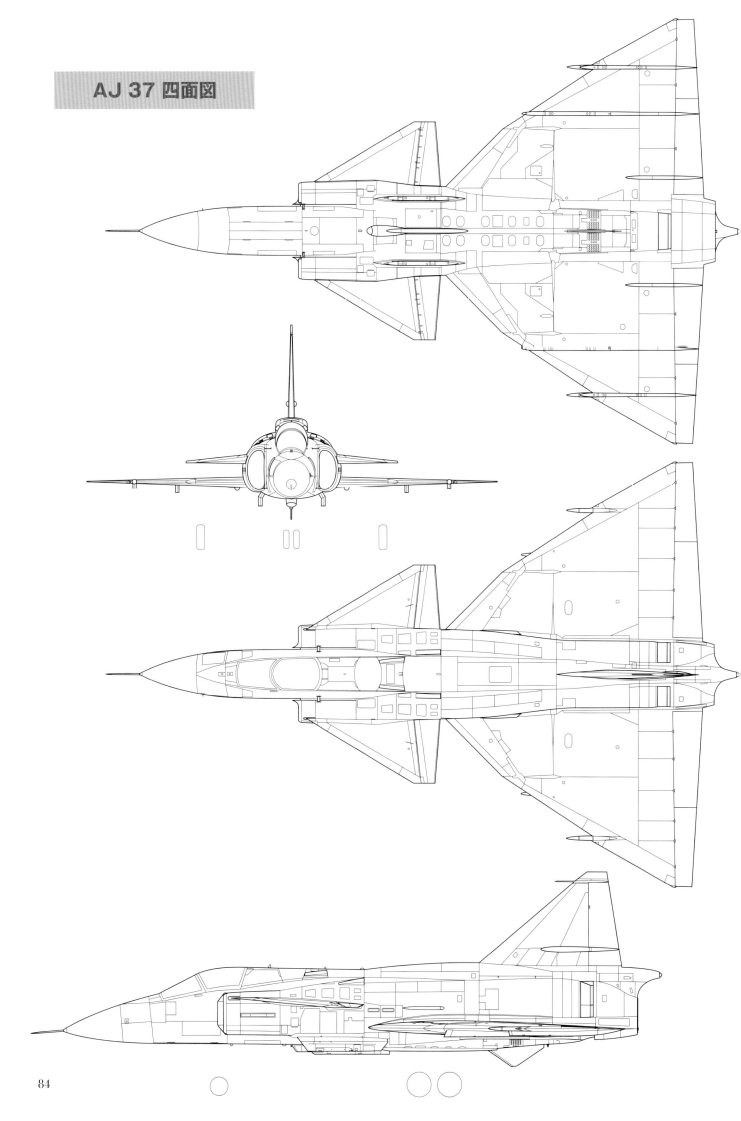

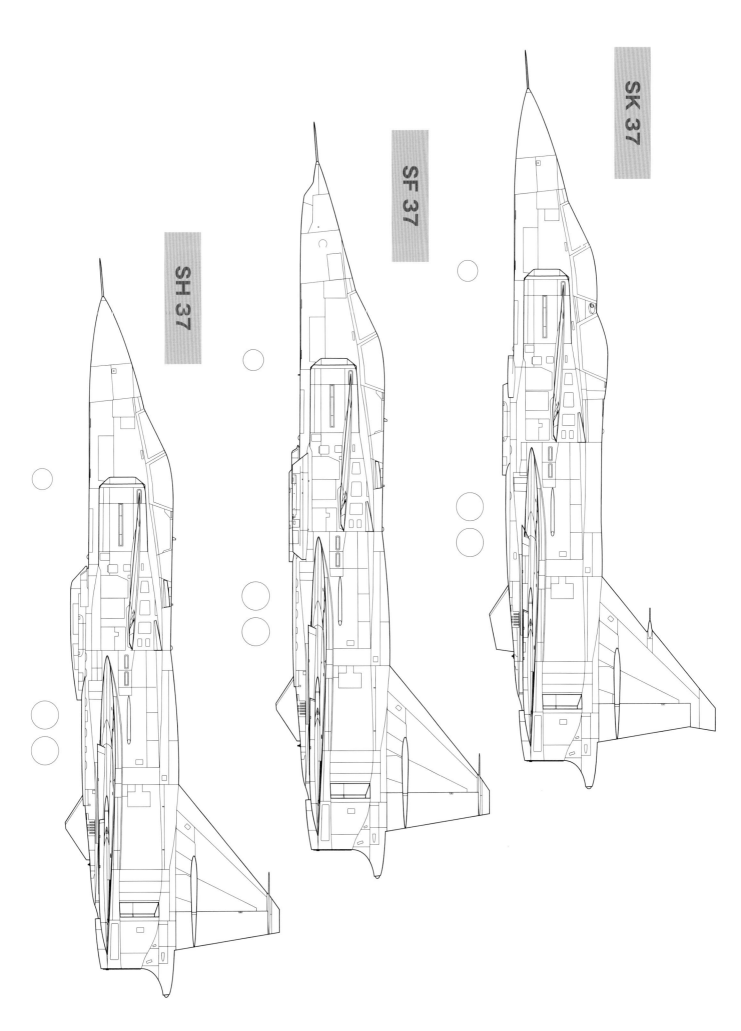

SH 37

SF 37

SK 37

GRIPEN サーブ グリペン編

エアショーでデモフライトを行うハンガリー空軍所属のJAS 39Cグリペン。JAS 39Cは初代の単座型JAS 39Aの搭載電子機器等を更新した第二世代グリペンで、2020年現在、ごく一部の例外を除いて各国が運用するグリペンはほぼJAS 39Cとその複座型JAS 39Dとなっている

Photo by Hidenori Suzaki

ブルガリアで開催されたエアショーの期間中、編隊で
離陸するスウェーデン空軍のJAS 39D（複座型）
Photo by Hidenori Suzaki

2020年現在、アジアでは唯一のカスタマーであるタイ空軍のJAS 39Cグリペン。主翼下面のハードポイントにAIM-120AMRAAMを、主翼端レールランチャーにIRIS-Tを搭載している
Photo by Katsuhiko Tokunaga

JAS 39Cの機首からカナードにかけてをほぼ真上からとらえたショット。機首先端に備わったピトー管の付け根の左右にある小さなフィンには「NO GRIP」と描かれている
Photo by Katsuhiko Tokunaga

右に緩くバンクするハンガリー空軍のJAS 39C。この写真では前部胴体の下面、左舷側に備わった機関砲フェアリング、胴体および主翼下面のパイロン、主翼端のミサイル発射レールの形状がよく判る
Photo by Katsuhiko Tokunaga

上昇姿勢に移ったJAS 39Cの機体下面をとらえた一枚。
前脚、主脚収納ドアのパネルラインに注目
Photo by Katsuhiko Tokunaga

誘導路をタキシングするハンガリー空軍のJAS 39C。キャノピーの後ろから垂直尾翼にかけての パーサルスパイン、および前方から見た垂直尾翼 前縁の形状、方向舵の可動角などがよく判る

Photo by Katsuhiko Tokunaga

駐機中のJAS 39Dを後方からとらえたショット。RM 12ターボファンエンジンの排気ノズルを収めた後部胴体下面から尾部にかけてのラインは反り上がるように湾曲しており、どことなくセクシーな印象を与える

Photo by Katsuhiko Tokunaga

サーブ39 グリペン

文／巫 清彦

三つの任務を行える
マルチロール性を獲得

サーブ39 グリペンは、1980年代から90年代前半にかけてサーブ社を中心とする連合企業体IG-JAS（※1）によって開発され、1996年からスウェーデン空軍で実戦配備に就いている単発ジェット戦闘機である。「グリペン」(Gripen)という名称は、スウェーデン語で「グリフォン」(鷲獅子)を意味する。

1980年2月、スウェーデンはドラケン、ビゲンの後継となる次世代戦闘機の国内開発を決定した。翌81年に空軍の要求がまとめられたが、その主眼として、次世代戦闘機は戦闘(Jakt)、攻撃(Attack)、偵察(Spaning)の三つの任務を一つの機体で行える多用途性、今日でいうマルチロール性能を持つこととされた。当時、ビゲンもこうした任務に充当できたが、そのためには各任務に特化した専用のタイプを必要とした。次世代戦闘機では、それを一つのタイプで賄おうというのである。

搭載エンジンの検討もほぼ同時期に行われた。幾つかの候補の中から、最も構造が単純で、推力が大きい米ジェネラル・エレクトリック(GE)社製のF404Jターボファンエンジンが選定され、ボルボ・フリグモーター(後にボルボ・エアロ)でのライセンス生産が決まった。

次世代戦闘機の開発のために組織されたIG-JASは、1982年1月に設計案「タイプ2110」を空軍に提出。この案は、クリップド・デルタ(※2)の主翼の前に全遊動式のカナードを配した「クロースカップルド・デルタ」形態で、重心を空力中心より後ろに置くことで意図的に静安定性を弱め、運動性を高めていた。

タイプ2110は空軍の審査を経て1982年4月に承認され、同設計案に基づく5機の試作機、30機の量産機(第1バッチ)の製造契約が政府との間で結ばれた。

IG-JASは、コンピューターや電子機器分野における当時の最新技術を採り入れることで、要求されたすべての任務を実施できると共に、小型軽量で取得コスト、運用コストの低い機体を開発することに成功。試作1号機は1988年12月9日に初飛行し、4年余りの試験を経てJAS 39として制式化された。

スウェーデン空軍への量産機の引き渡しは1993年6月から開始され、以降、順次ビゲンと置き換えられつつ5個航空団隷下の12個飛行隊に配備された。

グリペンのメカニズム

グリペンは全幅8.4m、主翼面積30㎡、自重6.8トンという小型軽量の戦闘機である。軽量なのは、チタン合金や炭素繊維強化プラスチックなどの複合材料を広範に使用しているからで、その使用率は機体重量ベースで全体の28%に達する。機体サイズが小さいゆえに兵装搭載量や航続力はある程度犠牲になったが、一方で、取得コストや運用コストを大幅に低減できている。

一例を挙げると、グリペンの1戦闘飛行時間あたりの運用コストは4,700ドルで、これは同じ第4.5世代ジェット戦闘機（※3）として比較されることの多いユーロファイター タイフーンの18,000ドル、ダッソー ラファールの16,500ドルに比べて格段に低い。また整備性も良好で、第4世代ジェット戦闘機のF-16Cと比べても、飛行時間あたりの必要マンアワーは1/2以下と

される。

こうしたグリペンの特徴は、「ステルス性能などは要らないから、できるだけ安くマルチロールファイターを導入したい」という国への大きなセールスポイントとなっている。

グリペンの主翼は前縁で55度の後退角を持つクリップド・デルタ翼で、前縁には空戦時にも使用できるフラップ、後縁には二分割式のエレボンが備わっている。また前縁にはドッグツース(失速を防ぐ効果がある犬歯状の切り欠き)も設けられている。

主翼の前方には、前縁で58度の後退角をもつカナードがある。ビゲンのものと違い後縁にフラップは付いていないが、カナード自体が全遊動式で操縦翼面としての役割も果たしている。超音速飛行時の旋回性能とピッチ方向の静安定性を向上させ、また着陸滑走中には前方に傾けて空力ブレーキとして使用することもできる。

エアインテークは胴体の左右にある。ビゲンのものと同様に生産性と整備性を重視した固定式で、胴体との間にはダイバータ(境界層隔壁)が設けられている。

コクピット後方のドーサルには航法用アンテナを兼ねたフィンが、胴体尾部の左右には展開式のエアブレーキが備わっている。垂直尾翼は台形の一枚翼で、前縁に電子対抗手段(ECM)装置とレーダー警戒受信機のフェアリングが、後縁に方向舵が備わっている。

エンジンは、米GE社のF404Jをボルボ・エアロ社がライセンス生産したRM 12を1基搭載する。ただし国産化にあたって構造材の変更、ファン直径の拡大などの改良が施され、オリジナルのF404より10%以上も推力が向上した(ドライ推力54.0kN、アフターバーナー推力80.0kN)。なお、最新型のグリペンE/Fのみより大推力のGE製F414G(ドライ推力98.kN)を搭載する。

降着装置は、前脚は二重車輪で後方引き込み式、主脚は単車輪で前方引き込み式。機構自体はシンプルだが、優れた短距離離着陸(STOL)性能を誇る。離陸滑走距離は最短400m、着陸滑走距離は、降着装置のアンチスキッド・ブレーキと空力ブレーキとしてのカナードを併用することで、ドラグシュート無しで最短500mとなっている。

レーダーは、エリクソン社製のパルスドップラー・レーダー PS-05/Aを搭載。空対空モードではRCS(レーダー反射断面積)5㎡程度の目標を最大150km以上で探知でき、同時に14目標を捕捉、うち4目標を同時に攻撃できる。

スウェーデン空軍のJAS 39C　Photo by Saab

※1　"Industrigruppen JAS"(産業グループJAS)の略称。サーブ社の他、ボルボ・フリグモーター、LMエリクソンなど複数のスウェーデン国内企業から構成されていた。
※2　デルタ翼の翼端を切り落とした形態。デルタ翼の翼端部分は揚力を生む効果が小さいため、その部分を切り捨てた形である。
※3　1970年代半ば以降に実用化された第4世代ジェット戦闘機のうち、電子機器を中心に一歩進んだ技術が使われ、マルチロール性能を持った機体。

運用各国のグリペンによる編隊飛行。手前からスウェーデン空軍のD型、チェコ空軍のC型、ハンガリー空軍のC型
Photo by Saab

JAS 39C グリペン 諸元	
全幅	8.40m
全長	14.10m
全高	4.50m
主翼面積	30.00㎡
空虚重量	6,800kg
最大離陸重量	14,000kg
兵装搭載量	5,300kg
エンジン	ボルボ・エアロRM 12ターボファン×1
エンジン推力	(ドライ) 54.0kN (A/B) 80.0kN
最大速度	マッハ2.0
航続距離	3,000km (フェリー時)
戦闘行動半径	800km (迎撃時)
上昇力	高度10,000mまで2分
実用上昇限度	16,500m
離着陸距離	500m以下
兵装	マウザー BK27 27mm機関砲×1、空対空および空対地 (艦) ミサイル×4等
乗員	1名

空対地モードは、静止／移動目標の表示機能に加え、空対地測距機能、自動マッピング機能を有する。なお、グリペンE/Fのみセレックス・ガリレオ製のアクティブ・フェイズド・アレイ (AESA) レーダー レイヴンES-05を搭載する。

固定武装は、単座型のみ胴体下面左側にマウザー BK27 27mm機関砲1門を装備する。兵装ステーションの数は8か所 (グリペンE/Fは10か所) で、機外兵装としてRb 74短射程空対空ミサイル (AAM)、Rb 98短射程AAM、Rb 99中射程AAM、Rb 75空対地ミサイル、RbS 15F空対艦ミサイル、各種のレーザー誘導爆弾、スタンドオフ兵器、偵察用ポッド、増槽などを搭載できる。これらの多様な兵装を組み合わせることで、グリペンは限定的ながら、1回の出撃で空対空戦闘、対地 (艦) 攻撃、戦術偵察といった複数の任務を遂行できる。

この他、操縦系統がコンピューター制御の3重デジタル・フライ・バイ・ワイヤに、コクピットが多機能ディスプレイを主体とするグラスコクピットに、エンジン制御が全自動エンジンデジタル制御 (FADEC) になるなど、様々な面でデジタル化が図られている。

グリペンの生産型

1992年の量産開始以来、グリペンはその外形こそ大きく変わらないものの、搭載電子機器とソフトウェアのアップグレードを中心に発展を遂げてきた。そして2010年代後半には、初めてハードウェアに大きな変更が加えられた次世代型グリペンが登場し、すでに本国スウェーデンでの採用が決まっている。以下では、これらグリペンの生産型について解説する (括弧内はスウェーデン空軍における制式名称)。

◆ グリペンA (JAS 39A)

最初に量産された単座型。生産の途中でAIM-120 AMRAAM (Rb 99) 中射程空対空ミサイルの運用能力追加などの改良が行われた。104機が製造された。

◆ グリペンB (JAS 39B)

最初に量産された複座型で、後席を設けるために胴体がA型より655mm延長された。固定武装の機関砲は無いものの、レーダーや兵装ステーションの数はA型と同じで、A型とほぼ同様の作戦能力を有する。14機が製造された。

◆ グリペンC (JAS 39C)

単座の改良型。前部胴体の左舷に引き込み式の空中給油用プローブが追加されたのが最大の変更点である。また降着装置が強化され、兵装搭載量がA型の3,600kgから5,300kgに増大した。新造機は86機だが、他にA型からの改修機も12機存在する。

◆ グリペンD (JAS 39D)

複座の改良型。単座のC型とほぼ同じ仕様で、作戦機および高等練習機として使用される。23機が製造された。

◆ グリペンE (JAS 39E)

次世代型グリペンの単座型。機体の大型化により兵装搭載量が増大し、航続距離も延伸された。エンジンやレーダーも新型を搭載しており、C型に比べて大幅に能力が向上している。88機が製造される予定。

◆ グリペンF

次世代型グリペンの複座型。単座型とほぼ同じ仕様だが、ブラジル空軍向けの機体はタッチパネル式ディスプレイを備えたコクピットを採用している。8機が製造される予定。

海外への輸出と実戦出撃

低コストで導入、運用でき、一機種で幅広い任務に対応するグリペンは、2020年時点でスウェーデン本国を含む6か国で採用され、輸出商戦でも一定の成功を収めている。各国の運用状況は次のとおり。

◇ スウェーデン

各タイプ合わせて201機のグリペンを発注したが、防衛予算の削減等により2020年時点の稼働機数はC型、D型合わせて100機程にまで減っている。A型とB型は2012年12月をもって事実上退役。また、中古機の一部をチェコとハンガリーにリースし、タイに売却するなどした。その一方で、2013年にE型60機の調達を決定し、2019年12月から引き渡しが開始されている。

◇ ハンガリー

スウェーデン空軍の中古のA/B型を、C/D型に準ずる仕様に改修した機体を2006年からリースで導入している。機数はC型仕様が12機、D型仕様2機で、2026年まで運用する予定。

◇ チェコ

スウェーデン空軍の中古のC型12機、D型2機を2004年からリースで導入している。2027年まで運用する予定。

◇ 南アフリカ

2005年に新造のC型17機、D型9機を発注し、2011年末までに全機を受領した。

◇ タイ

スウェーデン空軍の中古のC型8機、D型4機を2007年に購入し、2013年9月末までに全機を受領した。

◇ ブラジル

2013年にE型28機、F型8機を発注し、F型のローンチ・カスタマーとなった。機体の引き渡しは2019年から2024年にかけて行われる予定。

なお、スウェーデン空軍のグリペン飛行隊分遣隊は、2011年にNATO軍を支援するかたちで、内戦の続くリビア上空に飛行禁止空域を設定するための「ユニファイド・プロテクター」作戦に参加した。

シチリア島のシゴネラ基地で態勢を整えたグリペン分遣隊は、2011年4月からリビアへの出撃を開始し、主に戦闘空中哨戒や偵察ポッドを用いた戦術偵察任務に就いた。そして、同年10月までの作戦期間中に650回のソーティ、2,000時間の飛行をこなし、NATO軍に貴重な偵察報告をもたらした。

次世代型グリペンEの2機編隊。サーブ社はグリペンのセールス時に "スマートファイター" というキャッチコピーを用いている
Photo by Linus Svensson (Saab)

グリペンの機体外観 Photo by Katsuhiko Tokunaga

JAS 39C　飛行中のグリペンC型を正面やや上からとらえた写真。左舷（写真右側）の陰影が強調され、曲面の形状がつかみやすい。角度にもよるが、グリペンはヘッド・アップ・ディスプレイ（HUD）が緑色に強く光って見えることが多く、アクセントになっている

JAS 39C　飛行中のグリペンC型の側面。スリムな全体形状が鮮明に捉えられている。増槽やミサイルなどの機外装備が無くクリーンな状態で、光源位置のおかげで機体下面や翼端ランチャーのレールなどがくっきりと見える。汚れの観察にもよい

JAS 39C　グリペンC型の下面全体に光が
当たった見やすい空撮。機関砲フェアリング
のフォルムやパイロンなど、多くのディテール
が把握できる情報量の多い一枚といえる。搭
載ミサイルは翼下がRb 99（AIM-120）、翼端
がRb 98（IRIS-T）でスウェーデン空軍標準
の空対空装備

JAS 39D　タイ空軍のグリペンD型の空撮。
左舷の下面によく日が当たっているので、機
関砲が備わっていないことや複座型特有の
機首下補助インテークなどがわかりやすい

JAS 39C　着陸進入中のグリペンC型。やはり非武装のクリーンな状態で、機体形状が見やすい。
特に脚を出した状態で、脚収納庫扉を改めて閉じているのがよくわかる。着陸灯、航法灯も点灯中

JAS 39C　着陸進入中のグリペンC型（チェコ空軍特別塗装機）を後方からとらえた写真。エレボンが下がり、ノズルが絞られ、
脚収納庫扉がやはり閉じている。クリーン状態の翼端ランチャー後部なども意外と見落としがちなポイントだ

JAS 39D　タキシング中のグリペンD型をほぼ正面からとらえた写真。複座型グリペンも全体の正面形はあまり変化がないが、前脚カバーの形状が単座型と異なる。航法灯の点灯が左右ともにきれいに見えている

JAS 39D　グリペンD型の機体前半。複座化されたコクピットと延長された機首が一目でわかる。前脚カバーの付き方はC型のものと異なる。上の写真もそうだが、脚収納庫カバーは全開になっていて、稼働中は常に閉じると決まっているわけではないようだ

グリペンのディテール

JAS 39C　グリペンC型の
コクピットを真上からとらえ
たカット。シート配置やヘッド
レスト後方の機器類まで含め
たレイアウトが一望できる。ヘ
ッドレストの後ろに見えてい
る金属のパイプはキャノピー
開閉アクチュエーター
Photo by Saab

JAS 39C　グリペンC型のキャノピ
ーを開いたところを左後方から見る。
キャノピーは写真のとおり左舷側に跳
ね上げて開く方式。材質はアクリルで、
枠と中央の黒い線は脱出用の爆砕コー
ドである。シート後方に渡されてい
るビームやフレーム断面、バックミラ
ーの配置、その下の前方フレームに
沿ってアンチグレア・シールドが取り
付けられていることもわかる
Photo by Luc Colin

JAS 39C　稼動中のグリペンC
型のコクピット周辺。光がキャノピ
ーと風防のコーティングに反射し
て虹色に光っている。風防の下に
見える薄黄色の短冊状のものは、
ビゲンに使われていたのと同様の
ELパネル編隊灯。ハンガリー空軍
機なのでキャノピー下の注意書き
は輸出仕様の英語表記である
Photo by Katsuhiko Tokunaga

JAS 39C　グリペンC型のコクピット内、メイン及びサイドコンソール。グリペンの計器盤は近代的なグラスコクピットだ。A型では多少アナログ計器が残され、多機能ディスプレイ（MFD）もグリーン単色だったが、C／D型ではフルカラーとなり丸形計器は全廃された
Photo by Saab

JAS 39C　そしてこちらがC型コクピットのナイトモード。C／D型のMFDは表示を昼夜で切り替えることができる。夜間でも見やすいように背景色が暗くなっているのがわかる
Photo by Saab

JAS 39C　グリペンC/D型で使用されている射出座席マーチン・ベーカーMk.10L。ヘッドレスト後方がパラシュート収納部となっている関係で大きく、色彩的にリフト・ベルトも目立つ
Photo by Martin-Baker

JAS 39C グリペンC型のコクピット
まわり右側面。手前に搭乗用ラダーが
置かれている。グリペンはキャノピーが
左舷側に開くので、パイロットや整備員
は右舷側からラダーを使って乗降する
Photo by Luc Colin

JAS 39D グリペンD型のコクピットまわり
右側面。やや角度がついているので、後席の
前に透明の隔壁があることがわかる。この写
真では見えないが、後席前方のフレームにも
前席と同様のバックミラーが備わっている
Photo by Katsuhiko Tokunaga

JAS 39D 複座型のキャノピーは
前席、後席で一体型の横開き式。
この写真では後席の前の透明の隔
壁がはっきり見えており、乗り込もう
としているパイロットの装備も参考
になる。グリペンのヘッド・アップ・
ディスプレイ（HUD）は回折型で、
その結晶構造により日光の当たり
方によってはこの写真のように緑色
に輝く。なお、HUDは前席のみの装
備で後席にはない
Photo by Katsuhiko Tokunaga

胴体

JAS 39C　グリペンC型が空中給油用プローブを伸ばしたところ。このプローブはC/D型から追加されたものだが、収納時は外板が完全に面一となるため外見上はステンシルくらいしか見分けるポイントはない。ブーム本体の形状や蓋の裏側の色がわかる写真は貴重だ
Photo by Katsuhiko Tokunaga

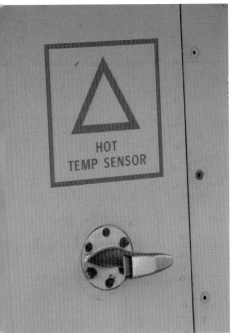

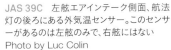

JAS 39C　左舷エアインテーク側面、航法灯の後ろにある外気温センサー。このセンサーがあるのは左舷のみで、右舷にはない
Photo by Luc Colin

JAS 39C　左舷エアインテーク側面にある航法灯のクローズアップ。写真左が前方で、位置については上の写真が参考になる。カバーは着色されておらず、中のLEDが発光する時に色が出る仕様だ
Photo by Luc Colin

JAS 39D　グリペンD型の右側エアインテーク。二次元ランプ型の固定式で、開口部は矩形だが外側の上下の隅はやや丸みを帯びている。また、ダイバータ（境界層隔壁）の中央はV字状にやや尖っている。左右のエアインテークから流入した空気は、胴体内のY字型ダクトにより一つにまとめられる
Photo by
Katsuhiko Tokunaga

JAS 39C　グリペンC型の右舷エアインテーク側面、カナードの下辺をやや引いた位置から見る。航法灯の後ろにあるのは電源系ソケットとそのパネルで、ELパネルの編隊灯（薄黄色の帯）との位置関係もわかりやすい。右舷なので外気温センサーがないことに注意
Photo by Luc Colin

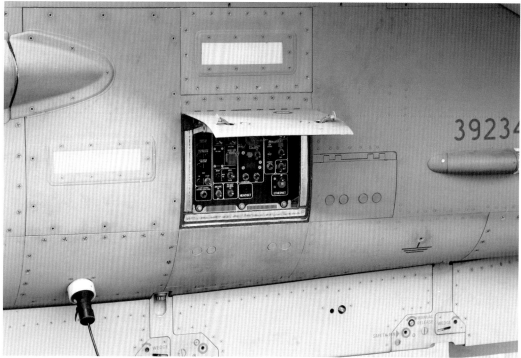

JAS 39C　上の写真にも写っている電源系ソケットとパネルのクローズアップ。写真右が前方。パネル固定ラッチの引き出し方に注目
Photo by Luc Colin

JAS 39C　グリペンC型のコクピット後方、ドーサルスパインとの段差に設けられたアウトレットのクローズアップ。ダクトの上からフェアリングを被せた二重構造となっている。これは空調用熱交換器の排気口で、A型や複座型でも同様の形状だ
Photo by Luc Colin

JAS 39C　グリペンC型の胴体下面、左舷のマウザーBK 27機関砲の周辺。口径27㎜のリボルバー・カノンで、後方の膨らんだ部分に機関部が収まっている。斜めに切り欠いたフラッシュハイダーはグリペン独自のもの。黄色の部分は保護カバーである
Photo by Luc Colin

JAS 39C　グリペンC型の後部胴体、左舷上面のアップ。写真左が前方。この機体は輸出型なので「NO STEP」「HOT AIR」など英語で書かれた注意書きが見える。二つある「日」の形をしたパネルは、左がエアブレーキ用油圧ジャッキの点検口の蓋、右がAPU（補助動力装置）の排気口の蓋である
Photo by Luc Colin

JAS 39C　エアブレーキ用油圧ジャッキの点検口の蓋（パネル）が開いた状態。中に配管が詰まっているのがわかる。APUの排気口の蓋（右下の写真）と同時に開いていることが多く、ときには離陸後も開いていることがある　Photo by Luc Colin

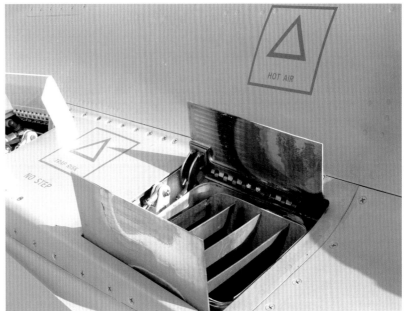

JAS 39C　こちらはAPU（補助動力装置）の排気口の蓋が開いた状態。内部のダクト形状や蓋のアクチュエーターが噛み合う配置になっているのがわかる
Photo by Luc Colin

尾部

JAS 39C　グリペンC型（チェコ空軍機）の尾部全体の右側面。垂直尾翼や排気ノズル、エアブレーキなど各部のディテールと位置関係を概ねつかめる写真だ。手前には翼端ランチャーの後端も写っている
Photo by Luc Colin

JAS 39C　同一機の垂直尾翼のアップ。前縁の一番上が電波妨害装置のフェアリングで、後端の上面には尾灯が載っている。その下がレーダー警戒装置のアンテナ・フェアリング、一番下がピトー管で、上の写真とちがって先端の防護カバーが外されている。前縁の付け根にはELパネル編隊灯が前後に二つ並んでいる。グリペンの垂直尾翼まわりは基本的に左右対称だ
Photo by Luc Colin

JAS 39C　垂直尾翼の右側面、前縁の付け根付近のクローズアップ。写真右が前方。高低差をつけて前後に二つ並んだELパネル編隊灯の右上に台形のアウトレットが見える。写真左下の胴体側の丸いアウトレットはエンジン関係の高温の空気が出るのか、後方にかけて煤のような汚れがつきやすいようだ
Photo by Luc Colin

JAS 39C　チェコ空軍のタイガーミート塗装機の垂直尾翼を後方からとらえた写真。電波妨害装置フェアリングの後面に付いた円形の白いアンテナ、その上の尾灯、方向舵下端～ドーサル・フェアリング後端の切り落としたような平面など、見落としがちな特徴がはっきりと写っている。尾翼後端と排気ノズルの間は、上面のみスリットが開口している
Photo by Katsuhiko Tokunaga

JAS 39C　グリペンC型の排気ノズル外観。アイリス形状や重なり方が、F404エンジンの系統であることをうかがわせる。焼け具合や重なりによるこすれ具合の参考になるだろう。ノズル内の色はこちらの写真のほうが自然光に近い状態だ
Photo by Luc Colin

JAS 39C　グリペンC型の排気ノズル内アップ。奥にアフターバーナーのフレームホルダーが見えるが、C型に搭載されているRM 12エンジンではこの部分が空冷式に変更されている。暗い内部を撮るため露光が調整されているので注意
Photo by Luc Colin

JAS 39C　グリペンC型のエアブレーキ周辺のクローズアップ。エアブレーキは主翼フィレットから流れるラインに合わせた成形部が後付けされ、その後ろに尾灯が設置されている。アクチュエーターとヒンジは二つずつで、上のものには独立したフェアリングがつき、下のものはフィレットの中にある
Photo by Luc Colin

JAS 39C　グリペンC型の左舷エアブレーキ後方の尾灯のクローズアップ。中のLEDや注意書きまで見える。前方からの気流が直接当たらないためか、空気抵抗はあまり気にしていない形状だ。エアブレーキとの隙間は意外に大きい
Photo by Luc Colin

JAS 39C　着陸滑走中のグリペンC型が後部エアブレーキを開いた状態を斜め後方からとらえた写真。目立つ部品の割にエアブレーキ使用時のカットは非常に珍しい。可動部品は上下ともフェアリング内に収まり、内側にはない。内部は薄いグレーのように見える。よく見ればブレーキ板の断面もわかる
Photo by Maurice Kockro

カナード

JAS 39C　カナードの下面（裏側）。やはり可動部や付属部品はまったくない。付け根の可動軸支点と、その後ろにフェアリングが伸びていないことに注目
Photo by Luc Colin

JAS 39C　カナードの上面。グリペンはカナードをエアブレーキとして立てて使うので、地上では大きな俯角をとっていることが多い。全遊動式なので上面に可動部はない。この写真では取り付け部のフェアリング断面や支点もよく見えている
Photo by Luc Colin

JAS 39C　カナードまわりを側面からとらえた写真。カナードの下げ角および翼端の断面形の参考にちょうど良い。なお、この機体はスウェーデン空軍機だがインテークの注意書きは英語で描かれている
Photo by Katsuhiko Tokunaga

主翼

JAS 39C　左外翼部後縁の下面。主翼後縁のエレボンは内側と外側に二分割されているが、この写真では外側の方が上がっている。ヒンジの形状や、アクチュエーターのフェアリングの下にパイロンが装着されていることがわかる。翼端ランチャーが機体上面と同じ色であるため、塗り分けで分割線が強調されている
Photo by Luc Colin

JAS 39C　同一機のやや内舷。外翼パイロン、ランチャーの付き方に加えて内翼パイロンと増槽の後端も見える。グリペンのパイロンは後部にチャフ／フレア・ディスペンサーも装備できる。増槽のフィンの取り付け方や、後面に蓋をしたような構造もわかる
Photo by Luc Colin

JAS 39C　左主翼前縁および外翼パイロン前半部。兵装を搭載していない状態のパイロン、ランチャーのディテールがよくわかる。この写真では、パイロンの外側に安全装置のピンが刺さっている。上の方には主翼前縁のドッグツースが見える
Photo by Luc Colin

JAS 39C 左主翼の翼端ランチャー前面のクローズアップ。白い円形の部品はレーダー警戒装置のアンテナ。警戒装置本体はこの奥にあり、さらに後端にも同様に内蔵されている
Photo by Luc Colin

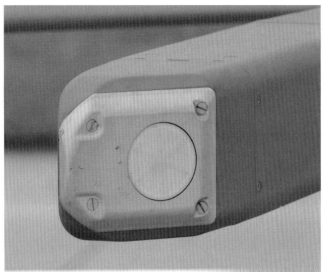

JAS 39C 翼端ランチャー部全体を前方から。焦点は前端に合っているが、発射レール部の張り出しやレール前端、あるいは全体の微妙な曲面を読み取ることができる。後方の内側、エレボンとの隙間に飛び出しているのは翼端灯
Photo by Luc Colin

JAS 39C 右内翼部後縁の上面。グリペンの内舷アクチュエーター・フェアリングは機体上面のアクセントになっているが、その作動部がわかる。エレボンが下がっているため胴体側の断面も見えており、開いた穴の配列も注目ポイント
Photo by Luc Colin

JAS 39C 右内翼部後縁の下面。見どころは内側エレボンの後端の処理で、分厚くなっている内舷の後端は切り落としたような面となっており、ドラケンから続くサーブ流の空力処理のように思える
Photo by Luc Colin

降着装置

JAS 39C　前脚を斜め前方から見る。脚カバーに開いた着陸灯の窓がわかる。奥には脚収納庫カバーの裏、開閉アクチュエーターなども垣間見える。脚柱と斜めストラットの間は主脚同様、板で埋まっている。直前にある小翼のようなものはブレードアンテナ
Photo by Luc Colin

JAS 39C　前脚上部の斜め後ろからのクローズアップ。着陸灯の取り付け方や脚カバーの窓など裏側がわかる。脚柱とカバーのリンク、斜めのストラットなど、前脚自体もかなり複雑な構成である　Photo by Luc Colin

JAS 39C　前脚の左側面で、写真左が前方。グリペンの前脚はダブルタイヤで後方引き込み式、ステアリング（操向）機能も備わっている。最大の特徴は、前輪にも強力なブレーキを備えていること。これで着陸滑走距離を縮めている。パイプ類はかなり目立つ Photo by Luc Colin

JAS 39C　前脚の右側面で、写真右が前方。金属パイプの配管はこちら側を通っている。右側の特徴は、前方脚カバーの裏に設置された着陸灯。カバー側にその台座があるのがわかる
Photo by Luc Colin

JAS 39C　後方から見た両主脚。ハの字に開いたアライメントがわかる。機体下面のパネルラインやアウトレット、センターパイロンの後端などのディテールも同時に確認できる。主脚は前方引き込み式で、前部胴体下面に収納される
Photo by Luc Colin

JAS 39C　左主脚の上部を後方から見る。ストラットとオレオ機構部の間には溶接跡などはなく一体であることがわかる。配管や配線、オレオのシリンダー頂部のバルブなどに注目
Photo by Luc Colin

JAS 39C　左主脚を後方から見る。ドラケン、ビゲンと異なり、グリペンの主脚は胴体から斜め下に展開する。同様の配置をとる機種の多くが主脚そのものを斜めにしているのに対し、グリペンでは脚柱の形状を斜めストラットと一体として、オレオ機構は垂直に近づけている。ブレーキパイプがリブの間を通る配管にも注目　Photo by Luc Colin

JAS 39C　主脚収納庫および収納庫扉、脚柱を前方から見る。脚柱と支柱のリンク軸も斜めになっており、部品形状と相まって複雑な形に見えるが、ギミックとしてはさほど面倒ではない。扉は厚みはあるが裏側の凹凸は少なくシンプル
Photo by Luc Colin

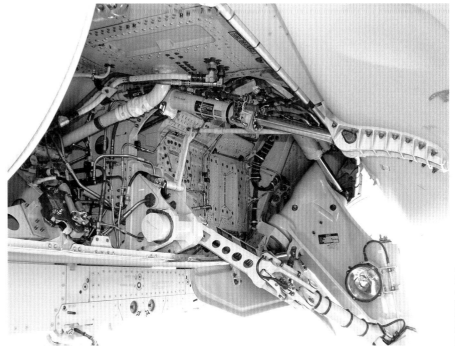

JAS 39C　左主脚の収納部で、写真左が前方。引き込み軸自体が斜めになっているのがわかる。リンクアームの肉抜き穴など、部品の形状が旧型機より複雑なのは加工技術の違いだろう。主脚にも着陸灯が取り付けられている
Photo by Luc Colin

JAS 39C　主車輪部分を内側から見る。写真左が前方。グリペンはスラストリバーサーを諦める代わりに脚部ブレーキを強化しており、形状からもそれが伺える。ブレーキはアンチスキッド機構付き
Photo by Luc Colin

JAS 39D　グリペンD型の前脚を斜め前方から見る。複座のB/D型では後席増設に伴い機首が655mm延長され、ホイールベースもC型より長くなった。そのためか前脚にも変更が加えられ、脚カバーが機体から切り離されて形状が変わった。着陸灯の光がカバーの上から見えるのに注意
Photo by Katsuhiko Tokunaga

JAS 39D　グリペンD型の前脚の右側面。脚柱そのものはC型とほぼ同じ構造だが、前方アクチュエーターまわりに部品が追加され、C型では脚カバー裏面に取り付けられていた着陸灯の台座（基部）が移設されている。カバーの支持方法が変わったため、連動用バーのリンク支点が上下に増えており複雑さが増した
Photo by Katsuhiko Tokunaga

JAS 39D　D型の前脚を左斜め後ろから見る。着陸灯は右側だけなので、リンクの構成はこちらのほうが見やすい。前方アクチュエーターの左右に沿って機体側からリンクアームが伸びカバーの下端と接続、脚柱からの上支柱2本で吊り下げ中間のシリンダーで支える
Photo by Katsuhiko Tokunaga

JAS 39D　着陸進入中のグリペンD型。前脚を出しているが、収納庫扉は一度閉じている。オレオが伸びきっているのに注目。この状態でもブレーキパイプはかなり目立つ。前方脚カバーはリンクで保持されている
Photo by Katsuhiko Tokunaga

グリペン 各タイプの図面集

図版：田村紀雄

側面

正面

上面

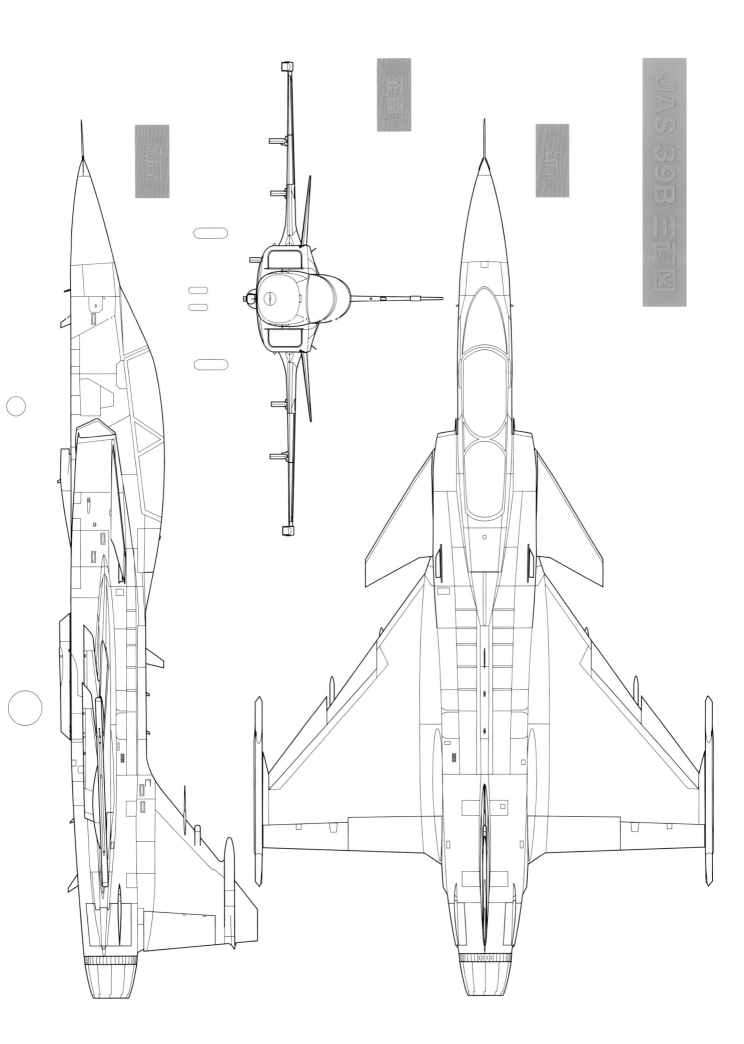

JAS 39B 三面図

側面

正面

上面

入手しやすいプラモデルをまとめて紹介!
ドラケン/ビゲン/グリペンのプラモデル・カタログ

まとめ/富永浩史

知名度が高く、独特のフォルムを持つドラケン/ビゲン/グリペンの三機種は、国内外の各社から様々なスケールのプラモデルが発売されている。ここでは、それらの中から比較的入手しやすいと思われるものをまとめてご紹介しよう。

▼ドラケン編

ハセガワ 1/48 J35F/J ドラケン
価格:3,600円+税
一部のパーツを付け替えることでJ35F2とJ35Jの2タイプを再現できる。デカールは第10航空団所属機のグリーン系迷彩2種、グレー系迷彩1種が付属。このキットを基にドラケンのタイプ・バリエーションを展開できるよう、タイプごとの相違点に当たるパーツが分割されている。

ハセガワ 1/48 J35/S35E/RF-35 ドラケン "スカンジナビアン ドラケン"
価格:4,000円+税
2020年2月に発売されたばかりの1/48スケールの最新キット。一部のパーツデカールを付け替えることでスウェーデン空軍のS 35E、デンマーク空軍のRF-35、フィンランド空軍の35FSの3タイプを再現できる。

ハセガワ 1/48 J35D ドラケン "ナチュラルメタル"
価格:3,800円+税
第一世代ドラケンの迎撃機タイプ J 35Dのキット。F/J型との目立つ相違点である後部に窓のある旧型キャノピーもばっちり再現している。無塗装銀の"ナチュラルメタル"仕様。

ハセガワ 1/48 「エリア 88」J35J ドラケン "風間 真"
価格:3,800円+税 ©新谷かおる
漫画『エリア88』の主人公、風間 真の愛機の一つであるドラケンをキット化したもの。パーソナルマークの「炎のたてがみを持つユニコーン」をデカールで再現している。なお風間 真のドラケンは、同じハセガワから1/72スケール版(価格は2,800円+税)も発売されている。

ハセガワ 1/48 J35Ö ドラケン "オーストリアン スペシャル"/"オーストリアン ブラックスペシャル"
実勢価格:各3,600円~5,000円
それぞれキットベースはJ35F/Jだが、胴体尾部や垂直尾翼、計器盤などがオーストリア空軍仕様の専用パーツとなっている。デカールは第2航空団第2飛行隊のオーストリア建国1000年記念塗装機と、第1飛行隊「ドラゴンナイツ」の退役記念塗装機のもの。

エデュアルド 1/48 リミテッドエディション サーブ ドラケン
実勢価格:9,600円~
ハセガワ製キットをベースに自社製のエッチングパーツ、レジンパーツをセットにした限定版。デカールの貼り替えによりスウェーデン空軍のJ 35F、フィンランド空軍の35FS、オーストリア空軍のJ 35OE、デンマーク空軍のF-35の4タイプを再現できる。

ハセガワ 1/72 J35F ドラケン
価格:1,600円+税
過去に発売された商品の再販で、スウェーデン空軍のJ 35Fをキット化したもの。1/72スケールでは、このキットを基に成型色やデカールの異なる様々なバリエーションが展開されている。

ハセガワ 1/72 J-35F ドラケン "レッドドラゴン"
価格:1,600円+税
過去に発売された商品の再販で、スウェーデン空軍第18航空団の退役記念塗装機"レッドドラゴン"を再現したもの。2020年8月に再販予定。

ハセガワ 1/72 J-35Ö ドラケン "オーストリア空軍"
価格:1,600円+税
こちらも過去に発売された商品の再販で、オーストリア空軍のJ 35Öを再現したもの。

ハセガワ 1/72 J35 ドラケン "スカンジナビアン ドラケン"
価格:2,800円+税
デカールの貼り替えによりスウェーデン空軍のJ 35F2とフィンランド空軍の35FSの2タイプを再現できる。パッケージタイトルは1/48のものと似ているが、こちらは偵察型ではないので注意。

ハセガワ 1/72 J35J ドラケン "エースコンバット エスパーダ隊"
価格:2,800円+税
PS2用ゲームソフト『エースコンバット・ゼロ ザ・ベルカン・ウォー』に登場するサピン空軍 エスパーダ隊の隊長機で、部隊章の「剣を突き刺された雄牛」などがデカールで再現されている。

ハセガワ 1/72 J35J ドラケン "アイドルマスター 四条 貴音"
価格:3,800円+税 ©窪岡俊之 ©NBGI
『ハセガワ アイドルマスター プロジェクト』のラインナップの一つで、PSP用ゲームソフト『アイドルマスターSP』に登場するライバルキャラ、四条貴音のイラストのデカールが付属する。成形色はブラウンブラック。

タミヤ 1/100 サーブ J35F ドラケン
実勢価格:500円~
旧「ミニジェットシリーズ」のNo.6として1968年に発売されたもの。1979年に絶版となったが、その後たびたび再販されている。現在でもネットオークションで比較的安価に入手することができる。

プラッツ 1/144 J35F ドラケン
価格:2,400円+税
「フライングカラー・セレクション」シリーズの第4弾で、エフトイズ製のキット2種とデカール3種をセットで製品化したもの。スウェーデン空軍のJ 35Fの無塗装銀、同オリーブグリーン/ダークブルー迷彩、デンマーク空軍のF-35 オリーブドラブ単色などを再現できる。

ピットロード 1/144 J35Ö ドラケン オーストリア陸軍航空隊仕様
価格:2,400円+税
同社の1/144「J-35J ドラケン スウェーデン空軍」(絶版)をベースにしているが、胴体尾部と垂直尾翼は新金型のパーツとなっている。デカールは通常のグレー系迷彩2種の他、建国1000年記念塗装機と「ドラゴンナイツ」の退役記念塗装機の4種。ディスプレイスタンドも付属する。

この他、海外メーカーのエレール(Heller)から1/72の"Saab Draken J-35F/RF-35/TF-35"が、エアフィックス(Airfix)から1/72の"Saab Draken"が発売されているが、いずれも古いキットで現在は入手が困難。

▼ビゲン編

タラングス　1/48　サーブ JA37 ビゲン
価格：11,000円＋税
本場スウェーデンのメーカー タラングス（Tarangus）がチェコのスペシャルホビーと共同で開発した第二世代ビゲンJA 37のキット。デカールはスウェーデン空軍の3種類が付属する。本製品を含むタラングスのキットは、日本ではビーバーコーポレーションが輸入代理店を務めている。

タラングス　1/48
サーブ SH/SF37 ビゲン偵察機
価格：11,000円＋税
一部のパーツの付け替えにより写真偵察型SF 37と海洋哨戒型SH 37の2タイプを再現できる。スウェーデン空軍の3種類のデカール付き。

タラングス　1/48
**サーブ AJSF/SH37 ビゲン
"緊急対応部隊"**
価格：11,000円＋税
一部のパーツの付け替えにより写真偵察型の近代化改修型AJSFと海洋哨戒型SH 37の2タイプを再現できる。スウェーデン空軍の3種類のデカール付き。

スペシャルホビー　1/48
AJ 37 ビゲン デラックスエディション
価格：12,100円＋税
タラングス製キットと同じ金型を利用しているが、一部のインジェクション・パーツは新規設計。エッチングパーツとスウェーデン空軍の3種類のデカールが付属する。

イタレリ　1/48
サーブ JA 37/AJ 37 ビゲン
価格：3,820円＋税
1/48スケールでは最も安価なキットだが、現在は絶版で、流通しているもののみ入手可能。スウェーデン空軍の4種類のデカールが付属する。

タラングス　1/72
サーブ JA37 ビゲン
価格：6,900円＋税
スペシャルホビーとの共同開発で、1/72ながらインテークの内側、スラストリバーサー、ラムエアタービン等のディテールも再現されている。スウェーデン空軍のスプリンター迷彩2種、グレー系迷彩2種、無塗装銀のデカールが付属。

タラングス　1/72
サーブ AJS/AJSF/AJSH37 ビゲン
価格：6,900円＋税
SH37と同タイプのAJ37の機首パーツと、AJSF37（SF37）の機首パーツにより3タイプを再現できる。スウェーデン空軍のスプリンター迷彩2種、グレー系迷彩1種、無塗装銀のデカールが付属。

スペシャルホビー　1/72
サーブ JA-37 ビゲン
価格：4,400円＋税
タラングス製キットと並ぶJA-37だが、価格はこちらの方が安い。スウェーデン空軍の3種類のデカールが付属。

スペシャルホビー　1/72
サーブ SF-37 ビゲン
価格：4,600円＋税
SF 37専用の機首パーツ、スウェーデン空軍のスプリンター迷彩2種、グレー系迷彩1種のデカールが付属。

**スペシャルホビー　1/72　サーブ37
ビゲン デュアルコンボ 限定版**
価格：9,800円＋税
タラングスの「1/72 AJ37 ビゲン」に複座型用の新規金型パーツが付属した限定版で、市販されているキットでは唯一、複座練習機型SK 37を再現できる。スウェーデン空軍の計6種類（AJ 37×3種、SK 37×3種）のデカールとビゲン写真集（84ページ）が付属。

ハセガワ　1/72
**AJ-37 ビゲン
"ナチュラルメタル 2016"**
価格：2,600円＋税
2016年に発売された商品の再販で、SwAFHF所属機「7-52」を再現したキットだが、金型自体は古く試作機のものとなっている。2020年9月に再販予定。

エレール　1/72
JA37 ヤクトビゲン
価格：2,400円＋税
フランスのエレール社の製品で、タラングスのキットが発売されるまでは、長らく唯一の「生産型」のキットだった。最近になって再販されたので入手は可能。

▼グリペン編

キティホーク　1/48
JAS 39A/C グリペン
価格：6,380円＋税
完全新金型で、スウェーデン空軍の単座型JAS 39AとJAS 39Cをキット化。コクピット内部も作り込んであり、C型の空中給油用プローブを展開した状態も再現できる。エッチングパーツとデカールが付属。

キティホーク　1/48
JAS 39B/D グリペン
価格：7,040円＋税
完全新金型で、スウェーデン空軍の複座型JAS 39BとJAS 39Dをキット化。キャノピーや前脚など単座型との相違点もばっちり再現。エッチングパーツとデカールが付属。

イタレリ　1/48
JAS 39A グリペン
価格：3,080円＋税
キティホークのキットよりも金型が古く、ディテールはいまひとつだが、機首のレドームを開いた状態なども再現できる。流通品は少ないものの、イタレリ公式サイトには在庫がある。

イタレリ　1/48
JAS 39 グリペン ツインシーター
価格：3,080円＋税
単座のA型をベースにした複座型JAS 39Bのキット。現在は絶版だが、再販の可能性もあり。

タミヤ　1/72
JAS-39A グリペン
価格：1,200円＋税
「ウォーバードコレクション」のNo.59、1/72スケールでは最も入手しやすく安価な製品。キット自体はイタレリ製で、エアフィックス、KPモデルから発売されたものと金型は同一である。

イタレリ　1/72
JAS-39B グリペン ツインシーター
価格：2,520円＋税
本家イタレリの複座型で、こちらはタミヤから同一キットは販売されていない。スウェーデン空軍の4種類のデカールが付属。

ドイツレベル　1/72
サーブ JAS-39C グリペン
価格：3,000円＋税
2015年の新規金型で、イタレリのキットよりもディテールの作り込みがしっかりしている。C型なので空中給油用プローブのパーツが付属。国内の流通、販売はハセガワが請け負っている。

ドイツレベル　1/72
サーブ JAS-39D グリペン
価格：3,100円＋税
2015年の新規金型。単座のC型をもとにした複座型。空中給油用プローブのパーツが付属する。こちらはハセガワでは扱われていない。

スウェーデンのジェット戦闘機
ディテール写真集

ドラケン／ビゲン／グリペン編

2020年8月20日発行

執筆	富永浩史、巫 清彦
装丁・本文デザイン	村上千津子
編集	野地信吉
発行人	塩谷茂代
発行所	イカロス出版株式会社
	〒162-8616 東京都新宿区市谷本村町2-3
	[電話] 販売部 03-3267-2766
	編集部 03-3267-2868
	[URL] https://www.ikaros.jp/
印刷所	図書印刷株式会社